Grundriss
der
indogermanischen Sprach- und Altertumskunde

begründet
von
Karl Brugmann und Albert Thumb

herausgegeben
von
Albert Debrunner und Ferdinand Sommer

5 [1]

1931
Walter de Gruyter & Co.
vormals G. J. Göschen'sche Verlagshandlung — J. Guttentag, Verlagsbuchhandlung — Georg Reimer — Karl J. Trübner — Veit & Comp.
Berlin und Leipzig

Geschichte der indogermanischen Sprachwissenschaft
seit ihrer Begründung durch Franz Bopp
begründet von
Wilhelm Streitberg

II

Die Erforschung der indogermanischen Sprachen

Band 5, Lieferung 1

Hethitisch und „Kleinasiatische" Sprachen.

von

Johannes Friedrich

1931
Walter de Gruyter & Co.
vormals G. J. Göschen'sche Verlagshandlung — J. Guttentag, Verlagsbuchhandlung — Georg Reimer — Karl J. Trübner — Veit & Comp.
Berlin und Leipzig

1.

Hethitisch und „Kleinasiatische" Sprachen.

Von

Johannes Friedrich.

Die wissenschaftliche Bearbeitung der Sprachen des alten Kleinasien ist in der Hauptsache erst neuesten Datums; noch fast das ganze 19. Jahrh. besaß auf diesem Gebiete sehr unklare Vorstellungen. Der Grund dafür liegt hauptsächlich in der Mangelhaftigkeit des damals bekannten Materials, da man für die meisten Sprachen auf Eigennamen und einzelne Glossen aus griechisch-römischer Zeit angewiesen war. Nur vom Lykischen besaß man seit Beginn des 19. Jahrh. eigene Inschriften in anfangs geringer, später aber steigender Zahl, deren Wert aber gemindert war durch die Einförmigkeit des Inhalts sowie dadurch, daß der Sinn zum größten Teil erst durch Kombination zu erschließen war. Ein noch schwierigeres Problem boten die seit den 70er Jahren in steigender Anzahl bekannt werdenden sogenannten „hethitischen" Hieroglypheninschriften; hier lag schon in der Grundlage alles sprachlichen Verstehens, der Entzifferung der Schrift, eine heiß umstrittene, bis heute noch nicht befriedigend gelöste Schwierigkeit[1]).

Unter solchen Umständen darf es uns nicht wundern, daß noch bis in den Ausgang des 19. Jahrh. über die Verwandtschaftsverhältnisse der kleinasiatischen Völker und Sprachen die widersprechendsten, jetzt zum Teil ganz phantastisch anmutenden Ansichten geäußert wurden. Allen älteren Versuchen zur Lösung des kleinasiatischen Problems ist das Streben gemeinsam, alle kleinasiatischen Völker einer oder mehreren der schon

[1]) Von dem gleichfalls nur durch spärliche Texte bekannten, aber als zweifellos idg. Sprache der Erschließung besser zugänglichen Phrygischen sehe ich hier ab, da es zusammen mit dem Thrakischen in diesem Werke gesondert behandelt wird, ebenso von dem ebenfalls nach Kleinasien weisenden Etruskischen.

bekannten Völkergruppen anzuschließen. So teilt beispielsweise Chr. Lassen (ZDMG 10 [1856], S. 329ff.) die Kleinasiaten in eine idg. und eine semitische Gruppe; zur ersten gehören außer Phrygern und Bithynern vor allem Paphlagonier, Lykier und Kappadokier, zur semitischen Kilikier, Pisider, Karer, Lyder und Myser. P. de Lagarde (Gesammelte Abhandlungen, 1866, S. 243ff.) hielt Kappadokier, Karer, Lyder und Myser vielmehr für Indogermanen, und zwar speziell für Iranier, was damals weniger absurd erschien als heute, weil auch noch das Armenische als iranische Sprache galt und die mit den Armeniern laut ausdrücklicher Angabe Herodots[1]) u. a. verwandten Phryger eins der wichtigsten Bevölkerungselemente im Innern Kleinasiens bildeten. Doch behauptete sich neben der Iraniertheorie auch die Annahme von Semiten selbst im Westen Kleinasiens noch lange Zeit; so hält noch H. Kiepert (Lehrbuch der alten Geographie, Berlin 1878, S. 112f., 119) die Zugehörigkeit von Lydern und Karern zu den Semiten mindestens für sehr wahrscheinlich; unklare Vorstellungen von der damals weit überschätzten Kolonisationstätigkeit der Phönizier mögen dabei mitgespielt haben.

Das Verdienst, in diesem Wirrwarr gründlich Wandel geschaffen zu haben, gebührt P. Kretschmer; in seiner „Einleitung in die Geschichte der griechischen Sprache“ (Göttingen 1896), S. 289ff. hat er zum ersten Male mit allem Nachdruck[2]) die Kleinasiaten als eine von Idg. und Semiten scharf zu trennende Völkergruppe erwiesen und namentlich die Semiten aus Kleinasien vollkommen eliminiert. Kretschmers damals geäußerte weitere Annahme, daß auch von Idg. (mit Ausnahme der Phryger) im älteren Kleinasien überhaupt keine Rede sein könne, hat allerdings durch die neueren Forschungen eine Modifikation erfahren; ebenso ist Kretschmers Satz, daß alle kleinasiatischen Stämme (wieder mit Ausnahme der später zuge-

[1]) VII 73: Ἀρμένιοι . . . ἐόντες Φρυγῶν ἄποικοι. Vgl. auch Eudoxos bei Stephanos Byz. u. Ἀρμενία.

[2]) Kretschmer ist nicht der erste gewesen, der ein besonderes, weder idg. noch semitisches, Bevölkerungselement in Kleinasien annahm (ältere Literatur in seiner Einl. S. 290ff.), aber er hat zuerst einen klaren Beweis geliefert und die „kleinasiatische“ Bevölkerungsschicht auch noch für die griechisch-römische Zeit, nicht nur für eine noch halb mythische Vorzeit, nachgewiesen.

wanderten Phryger) untereinander verwandt seien, nicht mehr in der damaligen Form aufrecht zu erhalten.

Kretschmers bahnbrechende Forschungen waren nicht Selbstzweck, sondern nur Mittel zu dem Zwecke, über die vorgriechische Bevölkerung Griechenlands und seiner kleinasiatischen Nachbargebiete Klarheit zu gewinnen. Auch die wenigen Untersuchungen, die an Kretschmer anknüpfen, so vor allem A. Fick, Vorgriechische Ortsnamen als Quelle für die Vorgeschichte Griechenlands, Göttingen 1905, und Ders., Hattiden und Danubier in Griechenland, Göttingen 1909, suchen, wie schon die Titel besagen, Kretschmers Ergebnisse vor allem für Griechenland weiter auszubauen und bedeuten keinen Fortschritt für die kleinasiatische Forschung. Diese kam bei dem Mangel an Sprachstoff nur langsam vorwärts. Die Sammlung kleinasiatischer Namen, die Joh. Sundwall unter dem Titel „Die einheimischen Namen der Lykier nebst einem Verzeichnisse kleinasiatischer Namenstämme“ (11. Beiheft zur Klio, Leipzig 1913) veröffentlichte, ist fast die einzige Arbeit geblieben, die im Sinne von Kretschmers Einleitung die „kleinasiatische“ Sprache als eine Einheit behandelte. Freilich, von der sprachlichen Zerrissenheit Altkleinasiens, wie sie bald danach die Boghazköitexte kennen lehrten, konnte der Verfasser noch nichts wissen; immerhin wäre eine Trennung der Namen nach Landschaften, die ja bereits in Kretschmers Einl. zur Geltung kommt, auch damals schon erwünscht gewesen. Eine weitere schwache Seite an Sundwalls Buche ist, daß er die Namen sämtlich in Wortstämme zerlegt; da die Sprache erstens keineswegs so einheitlich und zweitens ja noch durchaus unbekannt ist, müssen die meisten der so festgestellten Namenselemente ganz hypothetisch bleiben und dienen nur dazu, den Leser zu verwirren und das Auffinden zu erschweren. Trotzdem ist das Buch als Materialsammlung nicht zu entbehren, da für den größten Teil des griechisch-römischen Kleinasien diese Namen die einzigen Sprachreste bilden.

Eine wirkliche Fortentwicklung der kleinasiatischen Sprachstudien war erst möglich, als neues Textmaterial in ungeahnter Menge und Mannigfaltigkeit erschlossen wurde; das geschah im Jahre 1906 mit der Auffindung des hethitischen Keilschriftarchivs durch Ausgrabungen H. Wincklers bei Boghazköi im Herzen von Kleinasien. Dieser Fund aus dem 2. Jahrtausend v. Chr. war für die kleinasiatische Sprachwissenschaft von ganz hervorragender Bedeutung. Nicht nur erfuhr unser Wissen von kleinasiatischen Sprachen dadurch eine zeitliche Erweiterung um ein volles Jahrtausend nach rückwärts, die Sprache der Hethiter wird dadurch auch in einem Umfange erschlossen, der die Kenntnisse von anderen Sprachen Kleinasiens weit in den Schatten stellt. Ferner sind zur größten Überraschung und trotz aller anfangs geäußerten Skepsis im Hethitischen unleugbar idg. Bestandteile vorhanden; damit ist ein starker idg. Einfluß auf das Kleinasien schon des 2. Jahrtausends v. Chr. festgestellt. Endlich enthält das Boghazköiarchiv neben dem Hethitischen noch Reste einiger anderer Sprachen, die mehreren scharf voneinander zu scheidenden Sprachgruppen angehören und so eine tiefgehende sprachliche Spaltung des alten Kleinasien ahnen lassen.

Wenige Jahre nach der Erschließung des hethitischen Archivs wurden bei amerikanischen Ausgrabungen an der Stelle des alten Sardes (1910—1913) 36 Inschriften in lydischer Sprache gefunden; obwohl dieser Fund dem von Boghazköi an Bedeutung sehr nachsteht, stellt er doch gegenüber den spärlichen, vorher in Lydien gemachten Inschriftenfunden eine wesentliche Bereicherung dar, um so mehr, da eine der Grabinschriften mit einer aramäischen Übersetzung versehen war, die das Verständnis bedeutend gefördert hat.

Unter Einschluß einiger Sprachen, die durch geringere Textfunde belegt sind, umfaßt demnach die kleinasiatische Wissenschaft folgende Einzelsprachen: A. Die Keilschriftsprachen des Boghazköifundes aus dem 2. Jahrtausend v. Chr., nämlich Hethitisch und die noch wenig erforschten Sprachen Luwisch, Protohattisch und Churrisch (mit der nahe verwandten Mitannisprache). B. Die aus verschiedenen Funden stammenden und verschieden gut bekannten Sprachen der späteren Zeit: die Sprache der „hethitischen" Hieroglypheninschriften, die Sprache der Stele von Ördek-Burnu, das Chaldische oder Urartäische (im voridg. Armenien), das Eteokyprische, Karische, Lykische und Lydische.

A. Die Sprachen von Boghazköi.

Das Staatsarchiv des Hethiterreiches ist von seltener Reichhaltigkeit; es enthält nicht nur Urkunden der Staatsverwaltung, also Verträge, Gesetze, Erlasse, Korrespondenz mit dem Auslande, Annalen u. dgl., sondern auch, und zwar zum größten Teile, religiöse Texte, Rituale, Gebete, Wahrsagungen und Mythen. Diese Mannigfaltigkeit des Sprachstoffes kommt einerseits der beschreibenden Grammatik zugute, indem sie Vollständigkeit der Paradigmen, genaue Kenntnis der Syntax usw. ermöglicht, andererseits läßt sie uns auch die Wortbedeutungen scharf erfassen, was bei Sprachen dieser Art, deren Verständnis von Grund aus neu erarbeitet werden muß, besonders wichtig ist. Das Hethitische hat dadurch einen beträchtlichen Vorteil nicht nur vor dem Lykischen und Lydischen oder dem Etruskischen, dessen Textmaterial zwar quantitativ groß, aber inhaltlich sehr einseitig ist, sondern auch z. B. vor dem Elamischen, das diese Mannigfaltigkeit des Textinhaltes bei weitem nicht erreicht.

Die Reichhaltigkeit des hethitischen Archivs gilt aber auch von der Sprache. Hatte man in den Texten anfangs eine Sprache, eben die hethitische, gesucht, so stellte sich bald nach Beginn der Erforschung heraus, daß die Texte vielmehr vier z. T. stark voneinander verschiedene Sprachen enthielten, nämlich außer dem Hethitischen und außer einigen Stücken in babylonisch-assyrischer und sumerischer Sprache das mit dem Hethitischen wohl entfernt verwandte Luwische, das von der Mitannisprache, die durch einen langen Brief aus dem ägyptischen Archiv von El Amarna bekannt ist, nur dialektisch verschiedene Churrische oder Charrische und das ganz für sich stehende Chattische oder Protohattische.

1. Das Hethitische.

Den Löwenanteil nach Umfang und Inhalt besitzt unter den Sprachen des Boghazköifundes das Hethitische, die Sprache der Herrenschicht des Ḫattireiches, in der die Könige von Ḫatti ihre Urkunden abzufassen pflegten. Die Bezeichnung „hethitisch" ist modern und hat keinen Anhaltspunkt im Altertum; wie die

Hethiter selbst ihre Sprache nannten, wissen wir nicht, jedenfalls kaum „kanisisch", wie Forrer statt „hethitisch" vorschlagen möchte[1]).

a) Material.

Außer dem Boghazköifund ist bisher nur wenig hethitisches Sprachmaterial bekannt geworden. Ein paar Bruchstücke hatte wenige Jahre vor H. Winckler Chantre[2]) ebenfalls in Boghazköi gefunden. Zwei Tafeln in dieser Sprache enthielt auch schon das in den achtziger Jahren des 19. Jahrh. entdeckte Keilschriftarchiv von El Amarna in Ägypten. Vereinzelte, meist ganz kleine Bruchstücke, die teils aus Chantres, zum großen Teil aber aus Wincklers Grabungen stammen mögen und die durch einheimische Arbeiter „abhanden" gekommen sind, sind in alle Welt zerstreut oder können noch jetzt in den türkischen Bazaren gekauft werden.

Die Ausgabe der Keilschrifttexte wurde zunächst von der Deutschen Orient-Gesellschaft unter dem Titel „Keilschrifttexte aus Boghazköi" (Abkürzung KBo) begonnen, davon sind 6 Hefte erschienen (Leipzig 1916—1923). Im Interesse solcher Forscher, die am Hethitischen mitarbeiten wollten, ohne der Keilschrift kundig zu sein, entschloß sich dann die Deutsche Orient-Gesellschaft, die Texte weiterhin in Umschrift herauszugeben unter dem Titel „Die Boghazköi-Texte in Umschrift" (Abk. BoTU); bisher ist ein einleitender Band 1 (Die Keilschrift von Boghazköi, Leipzig 1922) und Band 2 (Geschichtliche Texte aus dem alten und neuen Chatti-Reich, Leipzig 1926) erschienen. Dagegen wurde die keilschriftliche Ausgabe von der Vorderasiatischen Abteilung der Staatlichen Museen in Berlin übernommen; seit 1922 sind in schnellem Tempo bisher 25 Hefte „Keilschrifturkunden aus Boghazköi" (Abk. KUB) herausgekommen. Von den zerstreuten, in der Hauptsache nicht sehr wertvollen Textstücken sind einige in verschiedenen Zeitschriften ver-

---

1) Zu den Benennungen der hethitischen Sprache vgl. Friedrichs Artikel „Altkleinasiatische Sprachen" in Reallex. d. Vorgesch. (Bd. 1, S. 126ff.) § 4. — Ansprechend deutet neuerdings Hrozný, Archiv Orientální 1 (1929), S. 273ff. das einmal als Bezeichnung der hethitischen Sprache belegte *nāšili* als die Sprache einer im ältesten Kleinasien vor Begründung des Ḫattireiches mächtigen Stadt *Neša*.

2) Chantre, Mission en Cappadoce, 1898.

öffentlicht. Etwa 100 solcher Fragmente hatte das Britische Museum erworben; sie sind als „Hittite Texts in the Cuneiform Character from Tablets in the British Museum“ (Abk. HT), London 1920, herausgegeben worden. Eine möglichst umfassende Sammlung von solchen zerstreuten Texten und Textfragmenten hat neuerdings Götze unter dem Titel „Verstreute Boghazköi-Texte“ (Marburg a. d. Lahn 1930; Abk. VBoT) veranstaltet.

b) Grundlegung der Forschung.

Eine wenn auch sehr schmale Grundlage für die Forschung am Hethitischen war schon durch das Bekanntwerden der zwei hethitischen Briefe aus El Amarna gegeben, der zwei Arzawabriefe, wie man sie gewöhnlich nennt, weil sie die Korrespondenz des ägyptischen Hofes mit einem Lande Arzawa in Kleinasien enthalten. Ein Eindringen in das Verständnis dieser Texte schien trotz ihres geringen Umfangs deshalb möglich, weil sie eine ganze Anzahl aus dem Babylonisch-Assyrischen bekannter Ideogramme enthielten und vor allem ihrem ganzen Tenor nach vermutlich den vielen babylonisch-assyrischen Briefen des Archivs von El Amarna ähnlich waren. Der erste und bisher einzige, der schon 1902, also noch vor dem Funde von Boghazköi, eine Deutung der auch heute noch nicht bis in alle Einzelheiten klaren Arzawabriefe versuchte, ist der nordische Assyriologe Knudtzon[1]). Er ging aus von der in den Einzelheiten variablen, aber im ganzen starren Eingangsformel der babylonisch-assyrischen Amarnabriefe, die den Typus zeigt: „Mir (dem Absender) geht es gut; meinem Hause, meinen Gattinnen, Söhnen, Großen, Soldaten usw. geht es gut. Dir (dem Adressaten) möge es gut gehen; deinem Hause, deinen Gattinnen, Söhnen usw. möge es gut gehen!“ Der eine Arzawabrief, der nach der babylonisch geschriebenen Adresse vom ägyptischen Könige an den König von Arzawa gerichtet ist, enthielt offenbar dieselbe Einleitungsformel, denn die ideographisch bezeichneten, also für den Assyriologen ohne weiteres verständlichen Ausdrücke „gut, Häuser, Gattinnen, Söhne, Große, Soldaten“ usw. begegneten

[1]) J. Knudtzon, Die zwei Arzawabriefe, die ältesten Urkunden in indogermanischer Sprache, Leipzig 1902.

in den zwei ersten Abschnitten des Briefes, und zwar das erstemal sämtlich mit dem Suffix *-mi*, im zweiten Abschnitt sämtlich mit dem Suffix *-ti*. Es lag also sehr nahe, *-mi* als „mein“, *-ti* als „dein“ zu deuten. Und für „es möge sein“ (in der Wunschformel „es möge dir usw. gut gehen!“) blieb nach Ausweis der umgebenden, sämtlich ideographisch ausgedrückten Wörter nur das phonetisch geschriebene *e-eš-tu* übrig. Diese drei, wie wir jetzt wissen, vollkommen richtig erschlossenen Wörter *-mi*, *-ti* und *ēštu* bildeten die Grundlage für Knudtzons heute ebenfalls als richtig erwiesene Annahme, daß die Sprache der Arzawabriefe idg. Elemente enthalte. Es finden sich in dem Buche noch verschiedene andere Vermutungen, sowohl von Knudtzon selbst wie in den Beiträgen seiner Mitarbeiter Bugge und Torp, die durch die spätere Forschung als richtig erwiesen wurden, so z. B. die Wortbedeutungen *duqqa* „du“ (genauer „dir, dich“ < **tu-ge*, S. 61), *ḫalugatalla-* „Bote“ (S. 43), *katti-mi* „bei mir“ (S. 59), *-mu* „mir“ (S. 68f.), *uppaḫḫun* „ich schickte“ (S. 48f.), *nu* „nun“ (S. 50, 66), *-ta* „dir, dich“ (S. 114f.), die Bildung des Acc. Sing. auf *-n* (S. 43—45), die 1. Sing. des Präter. auf *-un* (S. 48f.), die 3. Plur. des Imper. auf *-ndu* (S. 50), *ku(i)-* als Stamm des Frage- und Relativpronomens (S. 50f., 129f.), *tuel* Gen. des Pronomens „du“ (S. 76). Auch daß das *-l* der letztgenannten Form mit dem etruskischen Genetivsuffix *-(a)l* zusammengehöre, wie Bugge annimmt, muß nach der neueren Auffassung wenigstens als möglich gelten[1]). Aber diese Vermutungen, deren Richtigkeit wir heute auf breiter Grundlage beweisen können, waren damals nur richtig erraten. So ist es denn auch kein Wunder, wenn sich die Indogermanisten seinerzeit gegen Knudtzons Indogermanentheorie ablehnend verhielten, zumal da sie die philologischen Grundlagen der Übersetzung nicht beurteilen konnten und da mehrere gewagte Etymologien von Bugge und Torp Mißtrauen erweckten. Es blieb also zunächst bei der seit Kretschmers „Einleitung“ geltenden Auffassung, daß von Idg. im älteren Kleinasien keine Rede sein könne; diese allgemeine Ablehnung hat schließlich Knudtzon selbst veranlaßt,

[1]) Herbig, Idg. Jahrbuch 8, S. 11—16. Für Bugge erklärt sich die Zusammengehörigkeit der Genetivsuffixe freilich daher, daß er auch das Etruskische für idg. hält.

seine Auffassung zurückzunehmen. Mit demselben Mißtrauen hat später noch Hrozný zu kämpfen gehabt. Heute kann man aus Knudtzons Buch keine Belehrung mehr schöpfen, es besitzt nur noch antiquarischen Wert.

Eine aussichtsreiche Forschung am Hethitischen war erst mit der gewaltigen Vermehrung des Materials durch den Boghazköifund möglich. Die Bergung dieses Schatzes, sowohl hinsichtlich der Edition der Texte wie hinsichtlich der sprachlichen Erforschung, wollte man ehrenhalber dem Entdecker H. Winckler überlassen; dessen lange Krankheit verzögerte den Fortgang der Arbeit um Jahre. Wie weit Winckler selbst in der Erforschung des Hethitischen gekommen ist, läßt sich schwer beurteilen. Wohl hat er mancherlei Aufzeichnungen darüber gemacht, doch ist davon in seinem Nachlaß nichts gefunden worden[1]). Wo er in seinen letzten Arbeiten Proben von Transkriptionen und Übersetzungen hethitischer Texte bietet (z. B. MDOG 35, S. 19), finden sich neben verschiedenen Irrtümern in Lesung und Übersetzung doch auch manche richtige Erkenntnisse.

Eine eindringende Arbeit setzte nach Wincklers Tode (19. April 1913) ein. Naturgemäß waren es zunächst vor allem die Assyriologen, die sich für die neue Keilschriftsprache interessierten. Einen Schlüssel zu deren Verständnis glaubte man in einer Anzahl von in Boghazköi gefundenen Wörterbuchfragmenten gewonnen zu haben. Schon die babylonischen Schriftgelehrten hatten sich zum Studium der schwierigen, aber für ihren Kultus unentbehrlichen sumerischen Sprache grammatische Hilfsmittel, vor allem lexikalische Listen angelegt, und die von Babylon in kultureller Hinsicht stark abhängigen Hethiter haben diese Vokabulare einfach übernommen und zu der babylonisch-assyrischen Übersetzung der sumerischen Wörter noch eine hethitische Spalte gefügt. Freilich haben diese Vokabulare, um deren erste Bearbeitung und Auswertung sich Friedrich Delitzsch, Weidner und Holma bemüht haben[2]),

[1]) O. Weber, MDOG 56 (1915), S. 4.

[2]) Friedrich Delitzsch, Sumerisch-akkadisch-hettitische Vokabularfragmente (Abh. d. Preuß. Ak. d. W. 1914, 3). — E. F. Weidner, Studien zur hethitischen Sprachwissenschaft (Leipziger Semitistische Studien VII, 1/2, 1917). — H. Holma, Études sur les vocabulaires sumériens-accadiens-hittites de Delitzsch (Journal de la Société Finno-ougrienne 33, 1916).

die an sie geknüpften Hoffnungen nur zum Teil erfüllt. Erstens erklären sie teilweise seltenere, in den Texten wenig belegte Wörter, lassen uns dagegen für die alltäglichen, zum ersten Verständnis besonders notwendigen Vokabeln meist im Stiche. Ferner sind den hethitischen Schriftgelehrten selbst bei der Erklärung häufigerer babylonischer Wörter allerlei Mißverständnisse unterlaufen, die uns auch jetzt noch zwingen, gegen Wortbedeutungen, die nur aus den Vokabularen belegt sind, Mißtrauen zu beobachten. Endlich erfahren wir aus den Wörterbüchern nur sehr wenig über den Formenbau und fast nichts über die syntaktischen Verhältnisse des Hethitischen[1]).

Auch durch zweisprachige Texte konnte die hethitische Forschung kaum eine Förderung erfahren. Zwar gibt es ein paar babylonisch-hethitische und sumerisch-hethitische Texte, aber sie sind alle sehr kurz und stark beschädigt, so daß an wichtigen Stellen oft gerade entweder das babylonische oder das hethitische Stück fehlt; zudem hat man diese Bilinguen unter den Schätzen des Berliner Museums erst so spät entdeckt, daß sie nur noch einige schon kombinatorisch erschlossene Bedeutungen bestätigen halfen. In dem einen sumerisch-hethitischen Texte ist außerdem das Sumerische von den hethitischen Schreibern derart mißhandelt, daß es teilweise selbst unverständlich war und erst später vom Hethitischen aus aufgehellt wurde[2]).

Die Hauptarbeit blieb also der kombinatorischen Forschung. Ein sehr wesentliches Hilfsmittel zum Verständnis zusammenhängender Textstücke bot nun die dem Hethitischen besonders eigentümliche ideographische Schreibweise, die schon Knudtzon mit Erfolg für die Deutung der Arzawabriefe ausgenutzt hatte. Von den Babyloniern mit ihren zahlreich in die phonetisch geschriebenen Stücke gemischten unphonetischen, der sumerischen Schrift entlehnten Wortzeichen übernahmen

---

[1]) Einzelnes ist ihnen allerdings zu entnehmen. So erfuhr Knudtzons Erschließung der Pronominalformen *-mi* „mein“ und *-ti* „dein“ eine willkommene Bestätigung durch die Vokabularstelle KBo I 42 I 23ff., die zugleich einige weitere Pronomina lieferte. Auch die Nominativendung *-š*, das Infinitivsuffix *-u̯ar*, das Frage- und Relativpronomen *kuiš* u. a. ergibt sich aus den Vokabularen.

[2]) Vgl. Friedrich, Staatsverträge des Ḫatti-Reiches II, S. 34[1].

die Hethiter die Gewohnheit, ihre Sätze in weitestem Umfange mit sumerischen Wortzeichen und phonetisch babylonisch geschriebenen Wörtern zu durchsetzen[1]); damit war dem modernen Forscher oft ein Fingerzeig für das Verständnis des Satzes gegeben. Wenn ein Text in mehreren „Handschriften" vorliegt, so hat gelegentlich das eine Exemplar ein Wort in phonetischer Schreibung, während das Duplikat ein Ideogramm dafür schreibt und so zur Gewinnung der Bedeutung verhilft. Endlich kommt auch eine halb phonetische, halb ideographische Schreibweise vor derart, daß der Wortstamm ideographisch, die Flexionsendung phonetisch wiedergegeben wird. Diese Schreibweise war vor allem im Anfange der Forschung wertvoll, als es festzustellen galt, welche Flexionsendungen dem Nomen und welche dem Verbum zukommen; der ideographisch ausgedrückte Stamm gab in solchen Fällen erwünschten Aufschluß.

Die konsequente Ausnutzung dieser Hilfsmittel hat Friedrich Hrozný die Lösung des hethitischen Rätsels ermöglicht. Hrozný war im Sommer 1914 im Konstantinopeler Museum mit dem Sichten und Kopieren der noch im Rohzustande befindlichen hethitischen Tontafeln beschäftigt, wandte sich aber auch bereits der Entzifferung der Sprache zu. Überraschend schnell gelang es ihm, in den glücklicherweise ziemlich einfachen Formenbau der Sprache einzudringen[2]), und dieser Formenbau erwies sich zu seinem größten Erstaunen als idg. Anschaulich schildert Hrozný[3]), wie sich ihm zuerst bei dem analog lat. *ferens ferentis* gebildeten Partizip der Gedanke einer Verwandtschaft mit dem Indogermanischen schüchtern einstellte, wie dieser Gedanke bei Aufstellung des nominalen Deklinationsschemas festere Formen annahm und schließlich durch die Pronominalformen, die Verbalflexion und mehrere Etymologien seine Bestätigung fand. Mit Recht führt er dabei als besonders starkes Argument die eigentümliche *r/n*-Flexion von *u̯atar* „Wasser",

---

[1]) Vergleichbar sind auch die aramäischen „Heterogramme" des Pehlewi und die chinesischen Wortzeichen in der japanischen Schrift.

[2]) Hinsichtlich der Wortbedeutungen hat er nach eigener Angabe (MDOG 56, S. 22f.) mancherlei Förderung aus Delitzschs später erschienener Bearbeitung der Vokabularfragmente erfahren.

[3]) MDOG 56, S. 23ff.

Gen. *u̯etenaš*, an, die in dem altertümlichen lat. *femur feminis* usw. ihr Gegenstück findet.

Die beiden Schriften, in denen Hrozný seine Entzifferung mitteilt, sind: 1. ein vorläufig orientierender Artikel in den MDOG 56 (1915), S. 17—58, betitelt „Die Lösung des hethitischen Problems“, 2. das ausführlicher gehaltene Buch „Die Sprache der Hethiter, ihr Bau und ihre Zugehörigkeit zum indogermanischen Sprachstamm“, Leipzig 1917 (1. und 2. Heft der neubegründeten Boghazköi-Studien). Sie bilden die Grundlage der hethitischen Forschung; bei ihrem Erscheinen erfuhren sie aber seitens der meisten Indogermanisten dieselbe z. T. entschiedene Ablehnung wie seinerzeit Knudtzons Buch. Daher lohnt sich ein kurzer Rückblick auf das, was sich an Hroznýs Werk bewährt hat.

Der Kritik standgehalten hat vor allem seine Bestimmung der grammatischen Formen, abgesehen von wenigen, bei einer Pionierarbeit nicht verwunderlichen Irrtümern. Mit bewundernswerter Sicherheit ist hier gleich beim ersten Wurfe ein festes Gerüst für den Ausbau der Formenlehre gewonnen, und Hroznýs Leistung steht turmhoch nicht nur über Knudtzon (was ja selbstverständlich ist), sondern auch über den mit Hrozný gleichzeitigen Werken, die mit Hilfe der Vokabulare in die Sprache einzudringen suchten. Die Funktion der grammatischen Formen ist ja auch nicht aus idg. Anklängen erschlossen, wie man ihm vorwarf, sondern umgekehrt ist der idg. Charakter der Sprache aus den kombinatorisch bestimmten Formen entnommen. Leider hat Hrozný, veranlaßt durch die Unrast der Kriegsverhältnisse, es der Forschung zunächst ganz unmöglich gemacht, seine Ergebnisse nachzuprüfen. Statt nämlich den Gang seiner Forschungen mit den nötigen Nachweisen ausführlich darzulegen und vor allem die Texte, aus denen er geschöpft hatte, im Gesamtwortlaut mitzuteilen, gab er als Belege in der größeren Schrift nur kurze, aus dem Zusammenhang gerissene Sätzchen aus meist noch unveröffentlichten Texten. Eine weniger überstürzte Bekanntgabe hätte den Forschungen Hroznýs gewiß eine günstigere Aufnahme gesichert.

Auch die Erschließung der Wortbedeutungen und die bei Hrozný oft untrennbar damit verknüpften idg. Etymologien waren wenigstens anfänglich einwandfrei. So ist für *paḫḫur*[1]) die Bedeutung „Feuer" durchaus methodisch daraus erschlossen (Spr. d. Heth., S. 68), daß bei einem in mehreren Handschriften überlieferten Texte das eine Exemplar die phonetische Schreibung, das andere das entsprechende Ideogramm bot; da aber die betreffenden Texte nicht veröffentlicht waren, ließ sich auch hier die Richtigkeit zunächst nicht nachprüfen. Die für *paḫḫur* aufgestellte idg. Etymologie ist durchaus sekundär. Wichtig zur Beurteilung von Hroznýs Methode ist der MDOG 56, S. 33f. behandelte Satz *nu* NINDA-*an e-iz-za-at-te-ni u̯a-a-tar-ma e-ku-ut-te-ni*, den ich deshalb etwas genauer bespreche. Das Ideogramm NINDA „Brot" war von vornherein bekannt; nach anderen Stellen war zu erschließen, daß die Form auf -*an* ein Acc. Sing., das Wort dahinter eine Verbalform, wahrscheinlich in der 2. Plur. Präs. (das auch Futurfunktion hat), sei. Für ein Verbum mit dem Akkusativobjekt „Brot" liegt die Bedeutung „essen" nahe, wenn auch die idg. Etymologie leise mitgespielt haben mag. *nu* „nun" hatte bereits Knudtzon[2]) aus dem einen Arzawabriefe erschlossen. Dem ersten Satze „nun werdet ihr Brot essen" war der zweite offenbar parallel; er enthielt eine dem *ezzatteni* gleichgebildete Verbalform *ekutteni*, zu der *u̯atar*[3]) wahrscheinlich, dem NINDA-*an* des ersten Satzes entsprechend, Objekt war; so schließt Hrozný, den beliebten Parallelismus membrorum der altorientalischen Sprachen im Sinne, auf die Übersetzung „ihr werdet Wasser trinken". Und doch ist hier die Deutung *u̯atar* = „Wasser" nicht rein kombinatorisch gefunden, sondern der Anklang an germ. *watar* hat den Ausschlag gegeben. Die Deutung ist zwar richtig, aber die Methode birgt doch die große Gefahr in sich, einer idg. Etymologie auch in den Fällen das Ohr zu leihen, die auf kombinatorischem Wege weniger leicht zu klären sind. In der Tat ist Hrozný auf diese

---

[1]) Hrozný hatte seinerzeit *paḫḫar* gelesen; das letzte Silbenzeichen von *pa-aḫ-ḫur* kann *ḫar* und *ḫur* gelesen werden, die richtige Aussprache ergibt sich aus der seither bekannt gewordenen gelegentlichen Schreibung *pa-aḫ-ḫu-ur*.

[2]) Arzawabriefe S. 50.

[3]) -*ma* als Partikel war wieder anderwärts bekannt; es entspricht in den meisten Fällen unserem „aber".

Weise, nunmehr von der Berechtigung zum idg. Etymologisieren überzeugt, mehrfach auf Irrwege geraten. So erklärt er nunmehr den hethitischen Verbalstamm *dā-* als „geben"[1]) (MDOG 56, S. 29, 34; Spr. d. Heth., Register, S. 218), stellt *danna* als „Geschenk" zu lat. *donum*[2]) (MDOG S. 28), übersetzt *appa* nach gr. ἀπό als „ab, weg"[3]) (ebd. S. 27), *piran* im Anschluß an gr. περί als „herum"[4]) (ebd. S. 28) und deutet *arkuu̯ar*, nach späteren Forschungen = „Gebet", wegen lat. *arceo* als „das Abwehren" (MDOG S. 28). Gegen die letztgenannten etymologisierenden und, wie spätere Forschungen gezeigt haben, meist verfehlten Deutungen ist Sommers Polemik in seiner gleich zu nennenden Schrift „Hethitisches" durchaus berechtigt. Auch wo Hrozný zu einer kombinatorisch gefundenen Bedeutung nachträglich zwecks besserer Fundierung eine idg. Etymologie ausfindig zu machen sucht, schießt er im Entdeckungseifer häufig übers Ziel hinaus; er hatte eben noch nicht erkannt, daß der hethitische Wortschatz im Gegensatz zur Flexion größtenteils unidg. ist. Endlich werden die idg. Etymologien, auch wo sie richtig sind, in anfechtbarer Weise gehandhabt und vor allem hethitische mit solchen idg. Formen, die lautlich zufällig am meisten anklingen, ohne Rücksicht auf die Vorgeschichte der letzteren zusammengestellt. So zieht er für das oben besprochene *ezzatteni* „ihr eßt", offenbar nur, weil die Form ein *z* enthält, ahd. *ezzan* heran, für *adanna* „Essen"[5]) mit seinem *a*-Vokal dagegen ai. *adanam* „Essen"[6]). Ebenso wird *zig* „du" wegen des gewiß als stimmhaftes *s* aufgefaßten *z* mit gr. σύγε, *tug* „dir,

---

[1]) Vielmehr besitzt das Hethitische zwei ähnlich flektierende und daher oft schwer zu scheidende Verba *dā-* „nehmen" und *dāi̯-* „setzen, stellen"; „geben" dagegen heißt *pāi̯-*.

[2]) Vielmehr ist *danna* Infinitiv zu dem eben erwähnten *dā-* „nehmen".

[3]) *appa* heißt „dahinter, zurück, wieder, nach".

[4]) In Wirklichkeit „vorn, vor".

[5]) Wie wir jetzt wissen, vielmehr „zu essen" (Inf. wie *danna* o. Anm. 2).

[6]) Jetzt wissen wir, daß der Stamm des Verbums auch im Hethitischen *ed-* ist (der Imper. 2. Sg. lautet *ed*); das *a* in *adanna* beruht wohl auf Angleichung an die dunklen Vokale der folgenden Silben wie in *adanzi* „sie essen"; das *z* in *ezzatteni* wurde wie nhd. *z* (also *ts*) gesprochen, und die ganze Form ist wohl als unbeholfene Schreibung für **etsteni* aufzufassen und in **ed-s-teni* zu zerlegen.

dich" dagegen mit got. *þuk* verglichen (S. 25f.)[1]). Aber für diese Schwäche darf man den Semitisten und Assyriologen Hrozný, der mit der komplizierten Methodik der Indogermanistik nicht vertraut war, nicht zu sehr verantwortlich machen; auf einem Grenzgebiete, wo sich der Forscher plötzlich vor die Auseinandersetzung mit einem ihm bisher völlig fernliegenden Arbeitsfelde gestellt sieht, sind solche Schwierigkeiten nicht zu vermeiden. Den Hauptgrund für den Widerspruch der Indogermanisten gegen Hrozný sehe ich darin, daß auf beiden Seiten das Verständnis für das Gebiet des anderen noch fehlte.

Einen Anhänger fand Hrozný allerdings auch auf indogermanistischer Seite; der Norweger Marstrander, der als Schüler Torps für diese Fragen stark interessiert war, versuchte Hroznýs Thesen vom indogermanistischen Standpunkte aus näher zu begründen[2]). Dabei wurde ihm seine Unkenntnis in keilschriftphilologischen Fragen mehrfach zum Verhängnis; er vertraute zu sehr auf die Sicherheit der von Hrozný gegebenen Grundlage und knüpfte wichtige Folgerungen an Voraussetzungen, die bald als Irrtum erwiesen wurden. Da sein Buch zu einer Zeit erschien, wo die Textpublikation noch in den Anfängen stand, war Marstrander auch ganz natürlicherweise auf die zusammenhangslosen Sätzchen bei Hrozný angewiesen. So glaubt, um nur ein paar Beispiele zu geben, Marstrander mit Hrozný an die Pronomina *naš* und *taš* (S. 18f.), die in Wirklichkeit Zusammensetzungen von *nu* „nun, und" und *ta* „und" mit dem enklitischen Pronomen *-aš* darstellen (Ungnad, ZDMG 74, S. 417ff.; ZA N.F. 2, S. 104[1]; Friedrich, ZA N. F. 2, S. 293f.); so übersetzt er *dā-mit* „geben" (s. o. S. 14) und faßt den Kasus auf *-az*, der bald als Ablativ erkannt wurde (Bork, OLZ 1920, Sp. 64; Sommer, ZA 33, S. 94ff.), noch mit Hrozný als Lokativ. Unter Verkennung der Schwierigkeiten, die einer genauen Erfassung des hethitischen Lautbestandes entgegenstehen, glaubte er weiter

[1]) Im Anschluß an Marstranders gleich zu nennendes Buch S. 8, Herbig, Idg. Jahrb. 8, S. 8f. darf man vielleicht in *tug* eine akkusativisch verwendete, ursprüngliche Nominativform *tu-ge*, in *zig* dagegen umgekehrt einen als Nominativ fungierenden Akkusativ *te-ge* sehen.

[2]) Marstrander, Caractère indo-européen de la langue hittite, Christiania 1919 (Videnskapsselskapets Skrifter, II. Hist.-filos. Klasse, 1918, 2).

bereits eine hethitische Lautlehre entwerfen zu können; auf diesem Gebiete ist man auch heute noch nicht allzu weit gekommen, und wer weiß, ob wir bei der Unvollkommenheit der Schrift über alle Punkte jemals klar sehen werden. Im Zusammenhang damit steht auch Marstranders Versuch, nach dem Vorgange Weidners und Forrers im Hethitischen den Vokal *o* festzustellen, worüber noch weiter unten zu reden sein wird.

Gewiß enthält Marstranders Buch auch manche Fortschritte gegenüber Hrozný. Ich rechne hierher z. B. die ansprechende Erklärung einiger Formen der Personalpronomina (S. 8ff.) und die bessere Rubrizierung der bei Hrozný etwas kurz weggekommenen Verbalklassen (S. 70ff.). Ein für die Zukunft fruchtbarer Gedanke ist auch die Annahme (S. 130ff.), daß Konsonantengruppen, die die Keilschrift nicht darzustellen vermag[1]), in der hethitischen Schrift durch Einfügung nur geschriebener, nicht gesprochener Vokale aufgelöst worden seien, daß also manche der geschriebenen Vokale nicht zu sprechen seien, z. B. *ḫar-ak-zi* „er kommt um" = **ḫarkzi* (3. Plur. *ḫar-kán-zi* = **ḫarkanzi*). Im Einzelfalle allerdings ist die Frage, ob ein geschriebener Vokal lautbar oder nur graphisch ist, sehr schwierig und oft auch heute noch ungelöst.

Als Ganzes aber bringt Marstranders Buch wenig Förderung. Es ist ein typisches Beispiel für die Werke der hethitologischen Kinderzeit, als man im ersten Freudentaumel glaubte, die letzten Fragen lösen zu können, ohne noch die Schwierigkeiten der einzelnen Probleme erfaßt zu haben.

In neue Bahnen wurde die junge Hethitologie durch Sommer gelenkt. Auch er war gegen Hrozný zunächst äußerst skeptisch, aber er blieb nicht bei der untätigen Ablehnung der anderen Indogermanisten stehen, sondern machte sich selbst an die so notwendige kritische Nachprüfung. Um völlig selbständig urteilen zu können, arbeitete er sich mit Ungnads Unterstützung in die Keilschrift ein und begann dann selbst die Arbeit an den Texten, deren Veröffentlichung inzwischen etwas weiter

[1]) In den Sprachen, von denen die Hethiter die Schrift übernommen haben, kommen solche Konsonantengruppen nicht vor.

fortgeschritten war. Dabei fand er, daß Hroznýs Entzifferung in den Grundzügen richtig und auch die Flexion des Hethitischen tatsächlich als idg. anzusprechen sei. Aufs schärfste aber tadelte er, daß Hrozný hethitische Wortbedeutungen aus idg. Etymologien hatte finden wollen. Wir dürfen vielmehr, das betont Sommer mit aller Entschiedenheit, die Sprache nur aus sich heraus deuten, aber unter systematischer Zusammentragung und stärkster Ausnutzung alles verfügbaren Materials. Das ist dieselbe Methode, die wiederholt als einzig richtige für das Etruskische empfohlen worden ist, nur sind ihr dort die Forscher, mit alleiniger Ausnahme von Herbig, keineswegs konsequent treu geblieben. Die ersten Proben dieser rein kombinatorischen Methode lieferte Sommer in den Schriftchen „Hethitisches" (Boghazköi-Studien, 4. Heft, 1920) und „Hethitisches II" (ebd. 7. Heft, 1922), die vorbildlich geworden sind für alle folgenden semasiologischen Untersuchungen und mutatis mutandis auch für die sonstige sprachliche Forschung am Hethitischen. Daß fast alle Forscher, die jetzt am Hethitischen mitarbeiten, dies nach Sommers Grundsätzen tun und damit in verhältnismäßig kurzer Zeit schöne Erfolge erzielt haben, spricht gewiß für die Richtigkeit dieser Methode.

Die nun folgende Forschung ist charakterisiert durch in die Tiefe gehende Kleinarbeit, die über zahlreiche Zeitschriften zerstreut und daher bereits ziemlich unübersichtlich geworden ist. Eine gewisse Zusammenfassung dieses weitverstreuten Materials bedeutet Delaporte, Éléments de la grammaire hittite, Paris, A. Maisonneuve, 1929, das als 2. Teil eines ausführlicheren „Manuel de langue hittite" vor allem den Anfänger in das Hethitische einführen will. Es ist durchaus anzuerkennen, daß sich der Verfasser fleißig in der Literatur umgesehen hat und so ein im ganzen zuverlässiges Bild der hethitischen Sprache entwickelt, im einzelnen sind freilich eine ganze Reihe von Versehen und Flüchtigkeiten zu berichtigen. Da Delaporte keine Literaturangaben zu den einzelnen Paragraphen macht und da die Zeitschriften, in denen Einzelheiten der hethitischen Grammatik behandelt sind, dem Indogermanisten meist fern liegen, so wird der folgende Überblick über diese Einzelgebiete nicht überflüssig sein.

c) Schrift und Aussprache.

Die Lesung der hethitischen Schriftzeichen hat wenig Mühe gemacht; man liest die hethitische Keilschrift so, wie das entsprechende Zeichen im Babylonischen lautet. Das hat einige noch zu besprechende Ungenauigkeiten im Gefolge, ist aber in der Hauptsache ungefähr richtig. Daß ein Keilschriftzeichen von den Hethitern anders gelesen wird als im Babylonischen, kommt nur selten vor. Ein Beispiel ist das Zeichen , das babylonisch ganz geläufig in der Lesung *aš* ist, während es hethitisch nur selten vorkommt und dann immer *taš* zu lesen ist, auch wenn die Hethiter babylonisch schreiben (Friedrich, Staatsverträge des Ḫatti-Reiches I S. 154). Vereinzelt schaffen die Hethiter auch neue, im Babylonischen nicht vorhandene Silbenwerte; so ist  babylonisch nur Ideogramm mit der Bedeutung „Wein“, die Hethiter aber verwenden es daneben auch als phonetisches Zeichen mit dem Lautwert *u̯i*, offenbar weil das Wort für „Wein“ hethitisch so oder wenigstens ähnlich lautete (Hrozný, Spr. d. H. S. 5[5]; Sommer, Heth. S. 12f.; vgl. auch Ipsen, Streitberg-Festschrift S. 226f.).

Diese unsere traditionelle Lesung wird nun aber der wirklichen Aussprache nur unvollkommen gerecht. Zu einer umfassenden Untersuchung darüber ist man noch nicht gekommen, teils weil in der Hethitologie gröbere Arbeit (Feststellung der Grundzüge der Formenlehre und vor allem der Wortbedeutungen) zunächst wichtiger war, teils aber auch wegen der Unfähigkeit der Keilschrift, mancherlei wichtige Lautunterschiede darzustellen.

Um mit den Vokalen zu beginnen, so ist es nicht überall möglich, ein *e* unzweideutig zum Ausdruck zu bringen; meist muß *i* dafür mit herhalten. Man unterscheidet beispielsweise die Silben *me, ne, te, el, eš* durch besondere Zeichen von *mi, ni, ti, il, iš,* aber für *re, le, ez* u. a. müssen *ri, li, iz* usw. mit eintreten. Bei Schreibungen wie *li-e* (prohibitives „nicht“), *am-me-el* („mein“), *te-iz-zi* („er sagt“) ist zwar die Aussprache *lē, ammēl, tezzi* deutlich, aber viele *e* werden uns nicht erkennbar sein. Die Schwierigkeit wird dadurch erhöht daß auch dort, wo *e* darstellbar ist, manchmal *i* dafür geschrieben wird; so findet sich z. B. für *ešḫar* „Blut“ neben der Schreibung *e-eš-ḫar* auch *iš-ḫar*, wohl ein Zeichen dafür, daß heth. *e* sehr geschlossen gesprochen wurde (vgl. Friedrich, ZA N.F. 5 [1929] S. 45[1]), wie das für die späteren kleinasiatischen Sprachen Kretschmer schon vor vielen Jahren erschlossen hatte (fürs Lykische Einl. S. 297; fürs Phrygische vgl. Jokl, Art. „Phryger“ im Reallex. d. Vorgesch. 10, S. 145).

Noch schwieriger ist die Frage, ob das Hethitische auch ein *o* besessen hat. Die Keilschrift hat nämlich für *o* überhaupt kein Zeichen, sondern hätte es durch *u*, ein offenes *o* gegebenenfalls auch durch *a*[1]) mit ausdrücken müssen. Nun besitzt die Keilschrift für *u* zwei Zeichen, 𒌑 (Transkription *ú*) und 𒌋 (Tr. *u*), die im Babylonischen wohl beliebig wechseln, in den kleinasiatischen Keilschriftsprachen dagegen nach bestimmten Regeln geordnet zu sein scheinen. Nun hatte schon Bork für das Mitanni vermutet (Mitannisprache S. 14ff., vgl. noch u. S. 47), daß *ú* als *u* und *u* als *o* zu lesen sei[2]), und diese Unterscheidung ist von Weidner aufs Hethitische übertragen (Studien z. heth. Sprachwissenschaft S. 2ff.) und von Marstrander (S. 101ff.) und Forrer (ZDMG N. F. 1, S. 201f.) übernommen worden. Als gesichert aber kann das heth. *o* noch keineswegs gelten, manche *o*-Schreibungen Forrers sind sogar unwahrscheinlich, so sein Königsname *Morsilis* (gewöhnlich *Muršiliš* geschrieben) im Hinblick auf gr. Μυρσίλος[3]).

Sehr problematisch ist ferner die Ansetzung langer Vokale. Im Babylonischen werden Kürzen und Längen gewöhnlich so unterschieden, daß z. B. das Silbenzeichen *ki* ohne weiteren Zusatz kurzes *i* enthält, während *kī* *ki-i* geschrieben wird. Das

[1]) Vgl. dazu noch u. S. 27. Verschiedene ägyptische Wörter, die in koptischer Zeit ein *ō* oder *ū* enthalten, werden um 1400 v. Chr. keilschriftlich mit *a* geschrieben (z. B. *nfr* „gut“, kopt. *nūfe*, keilschr. *nap(a)*). Es wäre immerhin denkbar, daß dieses *a* ein, wohl noch sehr offenes, *o* habe darstellen sollen.

[2]) Dieselbe Aussprache ist bereits noch früher für das Chaldische vermutet worden (s. u. S. 47[1]).

[3]) Daß hier gr. υ für *ö* stehe (Forrer, Forsch. I, S. 9[2]), ist natürlich Hypothese ad hoc.

Hethitische (und in noch weiterem Umfange das Mitanni) kennt nun ebenfalls solche „Pleneschreibungen", aber sie werden da so häufig verwendet, daß man unglaublich viele Längen erhalten würde, wenn man sie buchstäblich nehmen wollte (vgl. auch Götze, Madduwattaš S. 80[4]). Die Hethiter haben also wohl auch kurze Vokale oft plene geschrieben, und Marstrander ist in offenbarem Irrtum, wenn er hethitische Längen und Kürzen auch etymologisch zu scheiden sucht (S. 124ff.).

Bei den Konsonanten bildet wohl das schwierigste Problem die Schreibung der Konsonantengruppen. Als erster hat Marstrander (S. 130ff.) auf die Unfähigkeit der Keilschrift hingewiesen, anlautende und auslautende Doppelkonsonanz sowie inlautende Trikonsonanz klar zum Ausdruck zu bringen. Er hat auch erkannt, daß die Hethiter in solchen Fällen sich durch Schreibung ungesprochener Vokale in ähnlicher Weise geholfen haben wie die Griechen, die sich der kyprischen Silbenschrift bedienen. So wie diese Griechen *po-to-li-se* für πτόλις, *te-re-ki-ni-ja* für τέρχνια schreiben, so schreibt der Hethiter *pa-ra-a* für wohl gesprochenes **prā̆* „vorwärts, hervor" (idg. **prō̆*, Marstr. S. 130f.)[1]), *ḫar-ak-ta* „er kam um" für **ḫarkt* (ebd. S. 93), *e-eš-ta* „er war" für **ēst*, *a-da-an-za* „gegessen" für **adants* (Partizip der Bildung von lat. *amans*, *ferens*, M. S. 29f.), *ša-an-aḫ-zi* oder *ša-an-ḫa-zi* „er sucht" für **sanḫzi* (Sommer, Heth. II S. 45), *az-zi-ik-kán-zi* „sie schmausen" für **at-s-kanzi* (Sommer-Ehelolf, Pāpanikri S. 70), *zi-ik-ki-iz-zi* „er legt" für **t-sk-izzi* (schwundstufiger Stamm *t-* zu *tāį-* < **dhē-*; Friedrich, Staatsverträge I S. 81f.). Die Hauptschwierigkeit ist nun, zu erkennen, wo ein geschriebener Vokal als wirklich gesprochen und wo er als nur graphisch anzusehen ist. Die Entscheidung ist schon beim kyprischen Griechisch nicht immer leicht, das doch nur ein Dialekt einer bereits bekannten Sprache ist; beim Hethitischen dagegen hilft nicht einmal die entferntere Verwandtschaft anderer idg. Sprachen, da der hethitische Wortschatz größtenteils unidg. ist. Manchmal gibt die Schreibung einen Fingerzeig. So kann *ša-an-aḫ-zi* nicht **sanaḫzi* gesprochen worden sein, weil man dann eine Schreibung *ša-na-aḫ-zi* erwarten sollte;

[1]) Hrozný hatte (Spr. d. H. S. 29[2]) in heth. *pa-ra-a* die Entsprechung von gr. παρά gesehen.

zum Überfluß zeigen die neben *ša-an-aḫ-zi* vorkommende Schreibung *ša-an-ḫa-zi* (s. o.) sowie vor allem die 3. Plur. *ša-an-ḫa-an-zi* (d. i. **sanḫ-anzi*), daß der Verbalstamm **sanḫ-* ist. Ähnlich wird z. B. **linkt* „er schwor" bald *li-in-ik-ta*, bald *li-in-kat-ta*, bald auch nur *li-ik-ta* geschrieben (gesprochen wohl **lĩkt* mit reduziertem *n*). Für *e-eš-ta* hat schon Marstrander (S. 93) die Aussprache **ēst* aus der Tatsache erschlossen, daß vokalisch auslautende Verbalstämme die 3. Sing. Präter. auf *-t* bilden, z. B. *i-i̯a-at* „er machte" (Stamm *i̯a-*), *u̯a-aḫ-nu-ut* „er wandte" (St. *u̯aḫnu-*), *ḫa-at-ra-a-it* „er schrieb" (St. *ḫatra-*), während konsonantisch auslautende Stämme, wenigstens in der Schrift, auf *-ta* ausgehen, z. B. *ḫar-ta* „er hielt" (St. *ḫar-*), *e-ip-ta* „er faßte" (St. *ep-*), *u̯a-al-aḫ-ta* „er schlug" (St. *u̯alḫ-*). Das geschriebene *-ta* stellt also wohl auch hier nur ein gesprochenes *-t* dar. In vielen Fällen aber läßt uns die Schreibung ganz im Stiche, so namentlich bei anlautender Doppelkonsonanz, doch auch sonst. Was für Sonderbarkeiten der Schreibung überhaupt im Hethitischen möglich sind, zeigt u. a. das Verbum *išpart-* „entkommen", dessen Stamm aus *iš-pár-te-ir* (3. Plur. Präter. = **(i)spart-er*) zu erschließen ist. Die 3. Sing. Präs. wird *iš-pár-za-zi*, die 3. Sing. Präter. *iš-pár-za-aš-ta* geschrieben; zu sprechen ist wohl mit Götze, Madduwattaš S. 126 **ispart-s-tsi*, **ispart-s-t*. Wenn an ein Partizip auf *-ants* (geschrieben *-an-za*) die Partikel *-a* „und" tritt, so schreibt der Hethiter dieses *-ants-a* wahrscheinlich *-an-za-ša*, d. h. er fügte an *-an-za* = *ants* noch einmal die kleinste phonetische Einheit, die er aus der ganzen Gruppe *-antsa* abtrennen konnte, und das war in seiner Silbenschrift das Zeichen *ša* = *sa* (Friedrich, Staatsverträge I S. 32f.).

Genaue Beobachtung von Schwankungen der Schreibweise hilft auch sonst gelegentlich etwas weiter. So hatte man längst beobachtet, daß bei dem Verbalstamm **sanḫ-* „suchen" die Schreibung *ša-an-aḫ-* nicht nur in Fällen wie *ša-an-aḫ-zi* „er sucht" = **sanḫ-zi* begegnet, wo sie notwendig ist, sondern auch z. B. in der 1. Sing. Präter. *ša-an-aḫ-ḫu-un* neben *ša-an-ḫu-un*, beide = **sanḫ-un* „ich suchte". Das gleiche Schwanken zeigt die Schreibweise einer ganzen Anzahl anderer Verba wie *parḫ-* „jagen", *karp-* „heben", *tarḫ-* „besiegen", *u̯alḫ-* „schlagen" usw., deren Stamm stets auf Konsonant + Sonor endigt. Meist hat man sich hier mit der Annahme begnügt, daß eine Schreibung aus Stellungen, wo sie notwendig war, in andere Stellungen verschleppt worden sei. Wie aber Götze, Madd. S. 41—49 beobachtet hat, ist die „geminierende" Schreibung *ša-an-aḫ-ḫu-un* usw. besonders häufig vor wahrscheinlich unbetonten Endungen, während vor betonten Endungen gewöhnlich *ša-an-ḫa-an-zi* usw. geschrieben wird. Götze nimmt nun an, daß *ša-an-aḫ-ḫu-un* usw. gesprochenes **sanḫḫun* meine, und stellt folgendes Gesetz auf (S. 49): Tritt auf eine Silbe, die mit Sonor schließt, der Wortton, so rückt die Silbengrenze in den Konsonanten, der auf den Sonor folgt[1]).

Da *t* und *d*, *k* und *g*, *p* und *b* in der Schrift oft verwechselt werden, hat Weidner, Stud. z. heth. Sprachw. S. 13ff. die These aufgestellt, das Hethitische habe den Unterschied zwischen stimmlosen und stimmhaften Explosivlauten nicht gekannt. Freilich ist Weidner dabei von der Ansicht befangen, das hethitische Lautsystem müsse dem des Mitanni und Elamischen ähnlich sein, da er alle drei Sprachen für miteinander verwandt und kaukasisch hält. Aber die Dinge liegen nicht so einfach; wohl wechseln *ta* und *da*, *ka* und *ga* ohne einen für uns vorläufig sichtbaren Grund, aber andererseits wird fast nur *ti* und *ki*, sehr selten *di* und *gi* geschrieben, ebenso erscheint die Imperativendung meist als *-du*, selten als *-tu*[2]). Daher wäre, wie schon Hrozný, Spr. d. H. S. 199f. vorschlägt, eine systematische Untersuchung der Schreibungen, die allerdings mit einem gewaltigen Material arbeiten müßte, sehr am Platze. Dabei wäre auch in Rechnung zu ziehen, daß ein ähnliches Schwanken der Schrei-

[1]) Konsonantenverdoppelung begegnet, wie auch Götze a. a. O. erwähnt, auch im Lykischen, ist dort aber nicht auf die Stellung nach anderen Konsonanten beschränkt. Eine gewisse Parallelerscheinung, nur wohl komplizierterer Art, ist vielleicht auch, soweit ich darüber urteilen kann, der finnisch-ugrische Stufenwechsel.

[2]) Einige richtige Beobachtungen darüber schon bei Marstrander S. 137ff. Als Ganzes freilich ist sein Versuch, die hethitische Schreibweise als geregelt aufzufassen und vor allem idg. Verhältnisse im Hethitischen wiederzufinden, jetzt nicht mehr haltbar. Anfechtbar ist auch Forrers Ansicht, der Unterschied zwischen *tu* und *du* sei der, daß *tu* ein *to* oder *do* meine, *du* dagegen *tu* oder *du*.

bung auch in späteren kleinasiatischen Sprachen zu beobachten ist, vgl. auf einer griechisch-lydischen Bilinguis gr. Παρταρας = lyd. *Bartaraš*; für das Lykische s. Sundwall, Die einheimischen Namen der Lykier S. 43, für das Phrygische, wo das Material ziemlich reichlich fließt, Jokl, Reallex. d. Vorgesch. Bd. 10, S. 144. Die Erscheinung reicht wohl bis ins Thrakische und Illyrische. Solmsen hat seinerzeit den Zustand als ersten Schritt zur Lautverschiebung charakterisiert, wie sie dann im Armenischen und Tocharischen[1]) tatsächlich vollzogen ist. Das Hethitische wird also vielleicht in einem ziemlich weit reichenden sprachlichen Problem ein Wort mitzusprechen haben[2]).

Über die Aussprache der einzelnen hethitischen Konsonanten ist bisher nur wenig untersucht oder vermutet worden. *š* und *z* stellen nicht, wie Marstrander S. 156ff. annahm, stimmloses *š* und stimmhaftes *s* dar[3]); vielmehr ist *š* = unserem *s* und *z* = nhd. oder italien. *z* (d. h. *ts*).

Für *š* ergibt sich die Aussprache *s* aus der ägyptischen Umschrift hethitischer Namen[4]), z. B. *Mrsr* = *Muršiliš*, *Ḫtsr* = *Ḫattušiliš*, wie auch umgekehrt aus der hethitischen Umschrift ägyptischer Namen, z. B. *Ri-a-ma-še-ša* = *Rʿ-ms-sw* „Ramses“. Der Grund für die hethitische Schreibweise liegt im Assyrischen; im Gegensatz zum Babylonischen ist dort *š* lautgesetzlich zu *s* geworden, ohne daß man die ältere Schreibweise geändert hätte. Diese historische Schreibweise des *s* als *š* ist nun von der „westländischen“ Keilschrift, auch des Mitanni, Ägyptischen usw., übernommen worden (Ungnad ZA N. F. 1, S. 134[2]). Konsequenterweise sollte man eigentlich überhaupt im Hethitischen

[1]) Das nach Ed. Hermann, KZ 50 (1922) S. 302ff. und Pokorny, Berichte des Forschungsinstituts für Osten und Orient in Wien, Bd. III (1919) mit dem Armenischen und Phrygischen näher verwandt ist.

[2]) Ob der zuerst von Kretschmer, Einl. S. 293ff. beobachtete kleinasiatische Wandel von *nt* zu *nd* mit Marstrander S. 138 schon für das Hethitische anzunehmen ist, bleibt zweifelhaft; im Hethitischen schwankt die Schreibung auch in anderen Fällen.

[3]) Teilweise soll heth. *z* bei Marstr. auch *š* darstellen (S. 159). Forrer, ZDMG N. F. 1, S. 201ff. faßt zwar *š* richtig als *s* auf, aber *z* ist auch bei ihm stimmhaftes *s* (vgl. auch MDOG Nr. 63, S. 14).

[4]) Da das Ägyptische auch ein *š* besitzt, kann von ungenauer Schreibweise nicht die Rede sein.

s statt *š* transkribieren, und Ed. Meyer (SPAW 1925, S. 244[1]), P. Kretschmer (WZKM 33, S. 1[1]) und Forrer tun das auch. Ich schließe mich ihnen nur deshalb nicht an, weil das zu Verwirrungen in der Transkription der Keilschriftsprachen führen kann und weil wir überhaupt von einer lautgetreuen Transkription des Hethitischen noch weit entfernt sind.

Daß heth. *z* Affrikata sei, hat zuerst Weidner, Stud. z. heth. Spr. S. 27ff. ausgesprochen, allerdings wieder im Banne seiner „kaukasischen" Theorie; seine Transkription durch *č* folgt durchaus dem Vorgehen Hüsings für das Elamische und Borks für das Mitanni. Die richtige Auffassung von *z* = nhd. *z* findet sich angedeutet schon bei Hrozný, Spr. d. H. S. 89 (anderwärts hält Hrozný jedoch heth. *z* noch für ein *s*!), bestimmt ausgesprochen ist sie von Sommer, Heth. II S. 18[2], 41[1]. Der Beweis hat sich auf sigmatische Nominativformen von *t*-Stämmen wie *ḫu-u-ma-an-za* „ganz", gesprochen **ḫūmant-s* (Akk. *ḫu-u-ma-an-ta-an*, Stamm *ḫūmant-*), *ka-aš-za* „Hunger", gespr. **kast-s* (Akk. *ka-aš-ta-an*, St. *kast-*), zu stützen; Sommer verweist Heth. II S. 41[1] auch darauf, daß die Partikel *-šan* nach *n* in der Form *-za-an*, d. i. *-t-san* (mit demselben Übergangslaut wie in gr. ἀνδρός usw.) erscheint. Vgl. auch Sommer-Ehelolf, Pāpanikri S. 2 und neuerdings Sturtevant, Language 4 (1928) S. 227ff.

Eine eingehende Untersuchung würde das heth. *ḫ* verdienen. Wie ich KlF 1, S. 92[1] nur andeuten konnte, ist mit der Möglichkeit zu rechnen, daß sich hinter dem einheitlichen Schriftzeichen zwei verschiedene Laute verbergen, ein sehr schwacher, z. B. in *e-eš-ḫar* „Blut", auch *e-eš-šar* geschrieben und < idg. **esr̥*[1]), und ein stark artikulierter, auf den schon Sommer, Heth. II S. 45f. hingewiesen hat. Ob freilich der letztere eine Affrikata

[1]) Von einem „schwachen hethitischen Hauchlaut *ḫ*" spricht schon Weidner, Stud. z. heth. Sprachw. S. 25f., freilich wieder in der Annahme hethitisch-elamischer Sprachverwandtschaft. Seine Ausführungen sind heute nicht mehr aufrecht zu erhalten; so ist, um nur ein Beispiel zu bringen, *aš-šu-u-e-it* Instrum. Sing. eines Nomens *aššu* „Gut", das nach Weidner damit identische *ḫa-aš-šu-u-e-it* dagegen eine Verbalform mit der Bedeutung „er herrschte". — Vgl. zu der Frage inzwischen auch Kuryłowicz in Symbolae Grammaticae in honorem J. Rozwadowski I (Krakau 1927) S. 95ff. und Sturtevant, Language 4 (1928) S. 159ff.; 6 (1930) S. 149ff.

kχ gewesen ist, wofür manches zu sprechen scheint, bedarf noch des Beweises.

Nur ganz kurz sei hier endlich ein Problem erwähnt, das in den bisherigen hethitologischen Arbeiten kaum hervorgetreten ist, die Frage nämlich, ob die zahlreichen, phonetisch akkadisch geschriebenen Wörter in den hethitischen Texten gleich den sumerischen Wortzeichen als Ideogramme anzusehen, also hethitisch auszusprechen, oder vielmehr akkadisch zu lesen sind; im letzteren Falle läge die Sache also so wie bei der türkischen „Effendi"-Sprache mit ihren zahlreichen arabischen und persischen Bestandteilen oder wie bei dem mit Latein durchsetzten Althochdeutsch Nôtkêrs[1]). Einige Gründe für akkadische Lesung sind bei Sommer, Heth. II S. 6[1] angedeutet, für die Auffassung als Ideogramme spricht sich Götze, Madduwattaš S. 120[1] aus; ein wirklicher Beweis in der einen oder anderen Richtung ist kaum möglich.

d) Lautlehre.

Da eine genaue phonetische Erfassung der Sprache noch in weiter Ferne liegt, so kann auch von einer hethitischen Lautlehre noch kaum die Rede sein, sowohl was innerhethitische Lautgesetze, als vor allem was die Verknüpfung der hethitischen Laute mit denen des Idg. anbetrifft.

Verhältnismäßig leicht zu beobachten sind noch die innerhethitischen Lautvorgänge, und man hat auch bereits auf manches derart hingewiesen, z. B. auf die Kontraktionen von *-ii̯a-* > *-ii̯e-* > *-e-* (Götze, Madd. S. 96, 139) und *-uu̯a-* > *-u-* (ebd. S. 137f.) oder die Dissimilation von auslautendem *i* zu *a* hinter *-i-*, z. B. im Loc. Sing. *tulii̯a* „in der Versammlung" (Sommer-Ehelolf, Pāpanikri S. 11) sowie den ähnlichen dissimilatorischen Wechsel von *-ai̯a-* und *-ii̯a-* (Gen. Sing. zu *lengaiš* „Eid" *li-in-ga-i̯a-aš* und *li-in-ki-i̯a-aš*, Friedrich, KlF 1, S. 92[1]). Man hat beobachtet, daß ein *e* unter noch nicht genauer erfaßten Bedingungen mit *a* wechselt (z. B. *ēšzi* „er ist" neben *ašanzi* „sie sind", *ekuzi* „er

---

[1]) Zu vergleichen ist die ganz ähnliche Kontroverse über die Lesung der aramäischen „Heterogramme" im Pehlewi.

trinkt" neben Iterativum *akuškizzi*)[1]), daß aber auch umgekehrt *a* in manchen Fällen als *e* erscheint (z. B. *šakki* „er weiß", aber *šekteni* „ihr wißt", *šekkir* „sie wußten", Partizip *šekkanza* „bekannt")[2]). Man weiß, daß *n* bei Antritt einer Enklitika und gelegentlich auch sonst sich einem folgenden Konsonanten assimiliert (Hrozný, Code hittite S. 12²; Sommer-Ehelolf, Pāpanikri S. 65) und wohl überhaupt schwach artikuliert war, namentlich vor Doppelkonsonanz (Tenner, Ein heth. Annalentext S. 23 [103]; Götze, Madd. S. 110ff, 131; Friedrich, ZA N. F. 5 [1929] S. 42²; Götze, Ḫattušiliš II S. 5f.)[3]). Es ist auch bald aufgefallen, daß das Hethitische kein anlautendes *r* kennt (Forrer, SPAW 1919, S. 1039; Hrozný, Spr. d. H. S. 188⁶, 193, 237), und dieselbe Erscheinung findet sich, soweit das geringe Material ein Urteil gestattet, wohl auch in den anderen kleinasiatischen Keilschriftsprachen, ferner im Mitanni[4]), im Lydischen[5]) und Lykischen[6]), aber auch im Armenischen, Türkischen und Griechischen; in letzterer Sprache erhält bekanntlich idg. anlautendes *r* einen prothetischen Vokal: ἐρυθρός neben lat. *ruber* usw. Das Hethitische hilft somit eine wichtige Isoglosse schließen. Ein Gesamtbild der innerhethitischen Lautvorgänge aber bieten diese Einzelbeobachtungen noch nicht, vor allem sind sie auch noch nicht systematisch auf den Gesamtumfang ihres Geltungsbereiches untersucht worden.

Deshalb läßt sich über die Verknüpfung hethitischer Laute

---

[1]) Daß *a* hier durch den dunklen Vokal der folgenden Silbe veranlaßt sei (Friedrich, IF 41, S. 371f.), läßt sich so nicht aufrecht erhalten (Kretschmer, WZKM 33, S. 20¹).

[2]) Von einem *i*-Umlaut wie im Germanischen kann, wie *šekkanza* und *šakki* zeigen, nicht die Rede sein. Höchst bedenklich ist die Ansicht von Sturtevant, Language 3 (1927) S. 161ff., daß *šekkir* „sie wußten" usw. das idg. *ē*-Perfekt enthalten.

[3]) Vgl. damit die unregelmäßige Bezeichnung der „Nasalierung" in späteren kleinasiatischen Sprachen (Arkwright, Österreich. Jahreshefte 2, S. 61f.; Sundwall, Die einheim. Namen S. 269f.).

[4]) Das Glossar in Messerschmidts Mitanni-Studien (s. u. S. 46) bietet ein Beispiel. In subaräischen Personennamen allerdings ist anlautendes *r* belegt.

[5]) Auch hier ist nur ein Beispiel belegt. Vgl. schon Littmann in Sardis VI, part I, S. 64.

[6]) Das Glossar in Kalinkas Inschriftensammlung (s. u. S. 61f.) bietet wieder nur ein Beispiel.

mit idg. erst recht noch wenig sagen, so schmerzlich es vielleicht manchen Indogermanisten enttäuscht. Die Schwierigkeiten auf diesem Gebiete sind von Hrozný und namentlich von Marstrander viel zu gering eingeschätzt worden[1]). Eine weitere Erschwerung ist die, daß bei der geringen Zahl halbwegs sicherer idg. Etymologien im Hethitischen das Vergleichsmaterial allzu gering ist. Daher seien auf diesem schlüpfrigen Gebiete nur ein paar Hauptpunkte hervorgehoben.

Im Vokalismus stellt sich die Sprache auf die Seite der europäischen Sprachen, da der *e*-Vokal deutlich ausgeprägt ist. Man vgl. *eš-* „sein", *nepiš* ‚Himmel", *u̯ek-* „verlangen" (ai. *vaś-mi,* gr. ἑκών), *genu* „Knie", *kuen-* „schlagen" (*g̑ᵘhen-*). Ein Unterschied zwischen altem *e* und *ē* ist in der Schrift nicht zu erkennen; *eš-* „sein" und *eš-* „sitzen" (gr. ἧσ-ται) werden ganz gleich geschrieben. Altes *o* erscheint als *a*, z. B. *mallanzi* „sie mahlen", *arraš* „After" (gr. ὄρρος < **orsos*); dabei bleibt unentschieden, ob wirklicher Lautwandel vorliegt wie im Germanischen und Litauischen, oder ob *a* nur ungenauer graphischer Ausdruck für das der Keilschrift fehlende *o* ist[2]). Auch über die Vertretung von idg. *r̥* läßt uns die Schrift im unklaren. Ein einigermaßen sicheres Beispiel ist *parkuš* „hoch" < **bhr̥ghús*, doch könnte *-ar-* eventuell auch ungenauer graphischer Ausdruck für noch gesproḫenes *r̥* sein wie in den keilschriftlich überlieferten indischen Namen *Artaššumara* = **R̥ta-smara-* usw.[3]).

Im Konsonantismus sei darauf hingewiesen, daß die Gutturalen wie in den centum-Sprachen behandelt werden. Vgl. für altes *k̑* *u̯ek-* „verlangen" (ai. *vaś-mi*), *ki-* „liegen" (gr. κεῖμαι, ai. *śe-te*), für *ĝ* *genu* „Knie", für *qᵘ* das Frage- und Relativpronomen *kuiš*, für *gᵘh* *kuen-* „töten". Wo *ḫ* in idg. Wörtern auftritt, scheint ihm in der Ursprache entweder gar nichts zu entsprechen, wie in *ešḫar* „Blut" < **esr̥*, oder nur ein Hiatus,

[1]) Ebenso neuerdings von Sturtevant, dessen zahlreiche Artikel zur hethitischen Lautlehre (meist in Language) nicht kritiklos hingenommen werden können.

[2]) Allerdings müßte dann heth. *o* sehr offen gewesen sein, was im Gegensatz stünde zu dem geschlossenen *o* der späteren kleinasiatischen Sprachen und auch zu dem geschlossenen *e* des Hethitischen (o. S. 18f.).

[3]) Zu den indischen Namen s. Porzig ZII 5, S. 266.

wie eventuell in *paḫḫur* „Feuer". Im übrigen geht man bei der Knappheit des Materials besser noch nicht auf Einzelheiten ein.

e) Flexion.

In der Nominalflexion war das meiste schon von Hrozný richtig bestimmt. Falsch war die Ansetzung des Kasus auf *-az* als eines Lokativs; wie bald danach Bork, OLZ 1920, Sp. 64 und Sommer, ZA 33, S. 94ff. erkannten, ist er ein Ablativ, dessen sprachgeschichtliche Erklärung freilich Schwierigkeiten macht (Sturtevant, Journal of the American Oriental Society 47 [1927] S. 181ff.; Hrozný, Donum natalicium Schrijnen [1929] S. 367f.; Martirossian, Caucasica 7 [1931] S. 42ff.). — Den Kasus auf *-it* hatte Hrozný, Spr. d. H. S. 12 kombinatorisch richtig als Instrumentalis gedeutet, ließ sich aber ebd. S. 13 durch den Anklang an den idg. Ablativ auf *-ōd, -ēd* usw. verleiten, darin lieber einen Abl. instr. zu suchen. Die Herkunft des Instrumentalsuffixes *-it* ist auch jetzt noch unklar, sie erklärt sich aber vielleicht ganz anders; denn, wie Ehelolf, IF 43 S. 316f. gezeigt hat, kommt neben *-it* auch *-ta* vor, besonders bei Körperteilnamen, z. B. *kiššarta* „mit der Hand" neben *kiššarit* (Nom. Sing. *keššeraš* und *keššar*), doch gelegentlich auch sonst, so von *u̯atar* „Wasser" *u̯edanda* neben *u̯etenit*. — Verschiedene Bildungselemente begegnen auch bei anderen Kasus, so beim Nom. Plur. der *a*-Stämme, der auf *-ēš, -uš* und sogar auf *-aš* ausgehen kann, vgl. schon Hrozný, Spr. d. H. S. 47f.; Götze, Ḫattušiliš S. 66, mehr Beispiele bei Friedrich, Staatsvertr. I S. 36f. — Die *i*-Stämme und *i̯a*-Stämme sind in der Flexion weitgehend zusammengefallen, s. Sommer-Ehelolf, Pāpanikri S. 11. — Der *a*-Stamm *memii̯aš* „Wort" zeigt einen Metaplasmus in die Flexion der *r/n*-Stämme: Gen. Sing. *memii̯anaš* usw. (Schiele, ZA N. F. 2, S. 314, vgl. auch Friedrich, Staatsv. I S. 43), und wie Götze, Madd. S. 130f. zeigt, kommen auch von *arkammaš* „Tribut" ähnliche Formen vor, ebenso von *ḫaraš* „Adler" (Friedrich, ZA N. F. 5, S. 64). — Eine ganz neue Deklinationsklasse der konsonantischen Stämme hat Götze, Madd. S. 78f. festgestellt; es sind Deverbalia auf *-att-* (Nom. Sing. auf *-az* = *-*at-s*), z. B. *anii̯az* „Leistung" (Gen. Sing. *anii̯attaš*), *kartimmii̯az* „Zorn" (Akk. Sing. *kartimmii̯attan*) usw. — Ob das älteste Hethitisch zwei besondere Kasus zur Beantwortung der Fragen „wo?" und „wohin?" („in der Stadt" und „in die Stadt") unterschied, ist trotz Forrer, Meißner-Festschrift (Mitt. d. Altoriental. Ges. IV, 1928) S. 30ff. zweifelhaft (vgl. Sturtevant, Language 5 [1929] S. 139ff.).

In der Adjektivdeklination ist vor allem die Feststellung von Sommer und Ehelolf wichtig, daß die adjektivischen *i*- und *u*-Stämme anders flektieren als die entsprechenden Substantiva (Pāpanikri S. 75f.). Während das Substantiv *ḫalkiš* „Korn" im Gen. Sg. *ḫalkii̯aš*, Abl. *ḫalkii̯az*, Nom. Plur. *ḫalkēš*, Akk. Pl. *ḫalkiuš* usw. bildet, haben die entsprechenden Formen des Adjektivs *šuppiš* „rein" sämtlich ein *a* vor der Flexionsendung: *šuppai̯aš*, *šuppai̯az*, *šuppaēš*, *šuppauš*. Entsprechend bei den *u*-Stämmen: Subst. *kutruēš* „Zeugen" (Nom. Pl.), *genuu̯a* „Knie" (Nom.-Akk. Pl. Neutr.), Dat. Pl. *genuu̯aš*, aber Adj. *idālau̯ēš* „böse" (Nom. Pl. M.-F.), *idālau̯a* (N.-Akk. Pl. N.) usw.[1]). — Die Adjektiva zeigen in der Deklination auch sonst gelegentlich Besonderheiten; so geht der Nom.-Akk. Sing. der neutrischen *a*-Stämme beim Substantiv auf -*a* aus [Hrozný, Spr. d. H. S. 41ff., 47, doch sind die dort gegebenen Beispiele stark einzuschränken, vgl. Friedrich, Staatsv. I S. 176 mit Anm. 3[2])], beim Adjektiv dagegen auf -*a* und -*an*, z. B. *dannattaš* „leer, öde" Neutr. Sing. *dannatta* und *dannattan* (Friedrich, Staatsv. I S. 77f.).

Auf dem Gebiete der nicht leicht erkennbaren Pronomina sind Hroznýs Leistungen besonders anerkennenswert; doch waren naturgemäß auch hier manche Irrtümer zu berichtigen. Die Tabelle bei Forrer, ZDMG N. F. 1, S. 206ff. ist freilich nur mit größter Vorsicht zu benutzen; sie führt nicht nur Irrtümer Hroznýs fort wie die angeblichen besonderen Pronominalformen *naš*, *nat* und *taš*, *tat*, beide „er, es", die in Wirklichkeit die Partikeln *nu* und *ta*, beide „und", und das enklitische Pronomen -*aš*, -*at* „er, es" enthalten [erkannt von Ungnad, ZDMG 74, S. 417ff.[3]); Ders., ZA N. F. 2, S. 104[1]], sondern gibt auch Prono-

[1]) Bei Friedrich, ZDMG N. F. 1, S. 161 ist die Erscheinung noch nicht erkannt, bei Forrer ebd. S. 206 falsch formuliert.

[2]) Die Formen auf -*anna*, wie *adanna*, *akuu̯anna*, sind nicht Substantiva „Speise, Trank", sondern Infinitive „zu essen, zu trinken".

[3]) Dieser Artikel mußte Forrer bei Abfassung des seinigen längst bekannt sein.

mina, die aus den Texten gar nicht zu belegen sind wie *apeniš* „jener selbe" (S. 208, belegt nur das abgeleitete Adverb *apeniššan* „in der erwähnten Weise, so") oder *anniš*, das nur an einer unklaren Vokabularstelle neben Pronomina vorkommt. Anderes wird schief dargestellt wie das angebliche *-raš*, *rat* „er, es" nach der Partikel *-u̯a* der direkten Rede (S. 208), wo in Wirklichkeit die Partikel in der Form *-u̯ar-* steht mit Anhängung des bekannten Pronomens *-aš*, *-at* (auch schon richtig bei Ungnad a. a. O.). Auch stellt er die Formen Gen. Sg. *edaš*, Dat. *edani* usw. (S. 207f.) irrtümlich zu dem unflektierten *eni-* „selbiger", während ein Nom. Sg. **aš* näher liegt, der mit dem enklitischen *-aš* identisch sein könnte (Friedrich, Staatsv. I S. 74f.). — Das von Friedrich, ZDMG N. F. 1, S. 166 angezweifelte *šaš* „er" der alten Sprache (Hrozný, Spr. d. H. S. 137) wird von Götze, Madd. S. 137 im vollständigen Paradigma gebucht (einiges auch schon bei Hrozný, JSOR 6, S. 70[1]). — Eine neutrische Pluralform *-i* zu *-aš*, *-at* „er, es" weist Friedrich, ZA N. F. 2, S. 289ff. nach, ein bis dahin unbekanntes indeklinables *aši* „der erwähnte" Ders. ebd. S. 286ff., ein an die Personalia *ug(a)* „ich", *zik* „du" usw. angehängtes, ebenfalls flexionsloses *-ila* „selbst" (*ukila*, *zikila* usw.) Sommer, Heth. II S. 48[1]. — Von Possessivpronomina kannte Hrozný seinerzeit nur die singularischen *-miš* „mein", *-tiš* „dein", *-šiš* „sein", inzwischen sind noch *-šmi-* „euer" (Hrozný, JSOR 6, S. 70[1]; Friedrich, ZA N. F. 2, S. 52) und das anscheinend ganz gleich lautende *-šmi-* „ihr" (Friedrich, Staatsv. I S. 81[2])[1]) bekannt geworden, nur das Possessiv der 1. Plur. „unser" ist auch jetzt noch unbekannt. — Wichtig ist auch die Erkenntnis von *kuišša* „jeder" (gebildet aus *kuiš* + *-a* „und", also wie lat. *quis-que*) durch Sommer-Ehelolf, Pāpan. S. 16f.

In der Verbalflexion ist Hroznýs erste Darstellung besonders kurz geraten und unter dem Druck der Zeitverhältnisse ziemlich rasch hingeworfen, hier haben die späteren Forscher also noch manches hinzufügen können. Forrer verdanken wir die Scheidung der hethitischen Verba in eine *mi-* und eine *ḫi-*Konjugation (ZDMG N. F. 1, S. 211). Trotz der im großen und ganzen scharfen Trennung zeigt sich das Bestreben, diese beiden

---

[1]) Anfechtbar Forrer, ZDMG N. F. 1, S. 207.

Konjugationen zu vermischen, worauf zuerst Götze, ZA N. F. 2, S. 15f. hingewiesen hat. Das kann auf Vereinfachungstendenzen der noch lebenden Sprache beruhen, vielleicht aber auch auf nur künstlicher Handhabung der schon toten Sprache. — Auch sonst zeigt die Konjugation mancherlei im einzelnen noch nicht näher untersuchte Schwankungen. Dazu gehört u. a. das in manchen Formen der auf *-a-* auslautenden Stämme der *mi*-Konjugation (z. B. *ḫatrā-* „schreiben") nach dem Stammauslaut noch auftretende *-i-* (*ḫatrā-mi* „ich schreibe", aber *ḫatra-i-zzi* „er schreibt"). Dieses „eingeschobene" *i* untersucht Götze, Madd. S. 81ff. genauer an der Hand einer Anzahl von Verben; er bringt die Erscheinung nicht nur in Regeln, sondern sucht auch ihrer idg. Herkunft näher zu kommen. (Vgl. auch Sturtevant, Language 5 [1929] S. 8ff.). — Die Personalendungen des verbum finitum waren Hrozný nur für das Aktivum ziemlich vollständig, für das Mediopassiv dagegen nur unvollkommen bekannt: abgesehen von der 1. Sing. des Präteritums kannte er nur die 3. Sing. und Plur. des Präsens, Präteritums und Imperativs. Allerdings waren gerade die dritten Personen des Präsens auf *-tari*, *-ntari* besonders wichtig, da sie eine Übereinstimmung des Hethitischen mit dem *r*-Passivum des Italischen, Keltischen und Tocharischen ergaben, worauf schon Hrozný, Spr. d. H. S. 156 hinweist. Neben *-tari* und *-ntari* können diese Endungen auch nur *-ta* und *-nta* lauten (Friedrich, ZDMG N.F. 1, S. 172; Sommer-Ehelolf, Pāpan. S. 52; vgl. auch Sturtevant, Language 4 [1926] S. 159ff.); ob die kürzere Bildung den Formen wie gr. φέρεται φέρονται entspricht, bedarf noch der Untersuchung. Forrer verkennt ZDMG N.F. 1, S. 212 und noch Forschungen I 2 (1929) S. 130 sonderbarerweise den Charakter dieser Formen vollkommen und bezeichnet sie als „undeklinierte Partizipia", was ganz aus dem Rahmen der hethitischen Deklination herausfallen würde. Bis das Paradigma des Mediopassivs einigermaßen vollständig war, verging noch einige Zeit. Die 2. Plur. Präs. auf *-duma* erkannte Hrozný selbst JSOR 6, S. 70[1] (vgl. auch Götze, Ḫattušiliš S. 107), die 2. Sing. Präs. auf *-tati*, die 2. Sing. Präter. auf *-tat* und die 2. Sing. Imperat. auf *-ḫut* Forrer, ZDMG N. F. 1, S. 212, die 1. Sing. Präs. auf *-(ḫa)ḫari* Götze, ZA N. F. 2, S. 14 (vgl. auch Friedrich ebd. S. 163), die 1. Plur. Präs. und Präter. auf *-u̯ašta(ti)* Friedrich, ZA N. F. 2, S. 164

(vgl. auch IF 43, S. 257[1], Archiv f. Orientforsch. 4, S. 94f.), die 2. Plur. Imper. auf *-dumat* Friedrich, ZA N. F. 2, S. 163[6]. Einen Fall von Dissimilation bei der 3. Sing. Präs. Pass. auf *-ri* behandelt schließlich Sommer, KlF 1, S. 120ff.; *u̯arāni* „er brennt" ist aus **u̯arāri* dissimiliert[1]). — Auch für das Aktivum hat sich noch einzelnes Neue ergeben. So haben Sommer-Ehelolf, Pāp. S. 65f. gezeigt, daß die 3. Pers. Sing. der *ḫi*-Konjugation auf *-i* (*dāi* „er setzt, nimmt", *šakki* „er weiß") nach vorausgehendem *-i-* den Ausgang dissimilatorisch in *-a* verwandelt: *paršii̯a* „er zerteilt". — Die 2. Pers. Sing. Präter. Akt. ist nicht allzu häufig belegt und oft der 3. Pers. Sing. gleich; in den bisherigen grammatischen Abrissen finden sich für die 2. Person nur wenig Beispiele. Deshalb hat Götze, Madd. S. 58ff. alle Belege für sie gesammelt und sucht auch die Bildung in Regeln zu fassen. — Schließlich hat Friedrich, IF 43 (1925), S. 257f. (vgl. auch schon ZA N. F. 2 [1925], S. 163) gezeigt, daß das Hethitische auch eine 1. Person Sing. des Imperativs besaß, die im Aktivum auf *-allu*, im Mediopassiv auf *-(ḫa)ḫaru* ausging (*ii̯allu* „ich will machen", *arḫaḫaru* „ich will stehen"). Unklar ist, wie sich dazu die sonderbare Form *ešlut, ešlit* „ich will sein" verhält (Friedrich, ZA N. F. 5, S. 46f.). — Die 1. Pers. Plur. des Imperativs und die 2. Pers. Plur. Präter. Med. sind auch jetzt noch nicht belegt. — Da das Partizip auf *-an-za* (d. i. *-ant-s*, s. o. S. 20) seiner Form nach zu den Bildungen wie *amans, ferens* usw. stimmt, hatte es Hrozný anfangs auch meist als aktivisches Partizip aufgefaßt (Spr. d. H. S. 82f.) und nur vereinzelt auch passivische Funktion zugegeben (ebd. S. 83). Wie aber unabhängig voneinander Sommer (Heth. II, S. 14[2]), Friedrich (ZDMG N. F. 1, S. 168) und Forrer (ebd. S. 211) erkannt haben, wird das Partizip von transitiven Verben stets passivisch verwendet, das Verhältnis von *ii̯anza* „gemacht" zu *pānza* „gegangen" ist also dasselbe wie bei nhd. *genommen* und *gekommen*. — Die als Infinitiv bezeichnete Form auf *-u̯ar* ist noch mehr Verbalabstraktum, also *ii̯au̯ar* „das Tun", nicht „(zu) tun". Das zeigt sich auch darin, daß eine Art „Gerundium" existiert. Wenigstens

[1]) Eine zusammenfassende Darstellung der Mediopassivformen gab neuerdings Hrozný, Actes du Ier congrès international de linguistes à La Haye 1928, S. 155ff.

hat jede Form auf *-u̯ar* einen in der Bildung unregelmäßigen Genetiv auf *-u̯aš* neben sich (*i̯au̯aš* „des Tuns", Friedrich, ZA N. F. 1, S. 9ff.)[1]); ob freilich noch weitere Kasus existieren, wie Forrer, ZDMG N. F. 1, S. 206[1] meint, ist höchst zweifelhaft. Ebenso müßte Götzes Vermutung zum mindesten erst noch genauer geprüft werden, daß die Sprache auch ein „Gerundivum" besessen habe und daß *i̯au̯aš* unter Umständen mit „ein zu machender" zu übersetzen sei (Götze, Ḫatt. S. 140, dagegen Friedrich, Staatsv. I S. 45). — Sommer hat Heth. II, S. 55f. gezeigt, daß die Formen auf *-anna* wie *adanna akuu̯anna* nicht mit Hrozný (Spr. d. H. S. 42) Verbalabstrakta = „Essen (und) Trinken", sondern Infinitive = „zu essen (und) zu trinken" darstellen; näher mit diesen Formen beschäftigt sich Götze, Ḫattušiliš II S. 28ff. — Das Hethitische besitzt mehrere, in der Flexion ähnliche (in manchen Formen ganz zusammenfallende), aber in der Bedeutung verschiedene Verba, deren reinliche Scheidung namentlich im Anfange oft schwer war. Ich greife folgende Beispiele heraus: *paizzi* „er geht" neben *pāi* „er gibt" (Sommer, Heth. S. 1f., bei Hrozný, Spr. d. H. S. 162ff. als ein Verbum *pā-* behandelt, doch vgl. auch ebd. S. 235[1]). *daḫḫi* „ich nehme" neben *teḫḫi* „ich setze" (3. Sing. von beiden *dāi*, Friedrich, ZDMG N. F. 1, S. 169f. und nebenbei schon Sommer, ZA 33, S. 90[1] und Heth. II, S. 1f.). *ar-* (aktivisch) „gelangen" neben *ar-* (medial) „stehen, sich stellen" und *arā-* „sich erheben" (Götze, ZA N. F. 2, S. 18, Friedrich, ebd. S. 42ff.). *ḫaš-* „zeugen, gebären" (Sommer, Heth. II, S. 6ff.) neben *ḫaš-* „öffnen" (Friedrich, ZA N. F. 3 [1927], S. 298[7]).

f) Wortbildung.

Auf dem Gebiete der hethitischen Wortbildung ist die Gestalt der primären Stämme noch kaum untersucht worden. Dabei mag, vielleicht unbewußt, die Vorstellung mitspielen, daß der hethitische Wortschatz erstens zum größten Teil ja doch unidg. und zweitens vielleicht aus so verschiedenen und uns noch unbekannten Sprachen zusammengeliehen sei, daß eine Untersuchung darüber noch zu sehr im Finstern tappen würde. — Über

[1]) Hrozný, Spr. d. H. S. 154, 168 hatte die Form auf *-u̯aš* für ein weiteres Partizip gehalten.

die Ableitungssuffixe liegen einige Untersuchungen vor, einen Gesamtüberblick aber gestatten auch sie noch nicht. Einige nominale Suffixe besprechen Sommer und Ehelolf im Pāpanikri (vgl. das Register S. 94), ohne jedoch die Funktion zu bestimmen. Genauer bekannt sind z. B. die Suffixe *-tallaš* und *-taraš*, die beide nomina agentis bilden. Zu ersterem s. Hrozný, Spr. d. H. S. 56f. (z. B. *ḫalugatallaš* „Bote"[1]) zu *ḫalugaš* „Botschaft", *uškišgatallaš* „Beobachter, Wächter"[2]) zu *ušk-* „sehen, beobachten"), zu letzterem Sommer, Heth. II, S. 60ff. (*u̯eštaraš* „Hirt" zu *u̯ešiš* „Weide"). Den nomina agentis nahe stehen auch die mit dem Suffix *-alaš* gebildeten Nomina, die Tenner, Annalentext S. 24 (104) bespricht (z. B. *auri̯i̯alaš* „Wachtposten" zu *auri-* „Warte", *ḫarši̯i̯alaš* „Opferbrotmann" zu *ḫarši-* „Opferbrot")[3]). — Ein Element *-ul*, das neutrische konsonantische Stämme bildet, bedarf noch umfassender Untersuchung. Teilweise scheint es nomina instrumenti zu bilden (*šešarul* „Sieb" zu *šešar(i̯a?)-* „seihen"), anderwärts deutlich Verbalabstrakta (*u̯aštul* „Sünde" zu *u̯ašt-* „sündigen"); vgl. dazu kurz Friedrich, Meißner-Festschrift S. 55.

Von verbalen Suffixen ist etwas mehr bekannt. Das Element *-nu-* bildet Kausativa (z. B. *ḫark-* „umkommen", *ḫarganu-* „vernichten"; *zai̯-* „überschreiten", *zainu-* „hinüberschaffen"; *u̯ar-* „brennen" [intr.], *u̯arnu-* „anzünden"), s. dazu Sommer, Heth. II, S. 40[1], Friedrich, ZA N. F. 1, S. 15f., Sommer-Ehelolf, Pāp. S. 8[1]. Ähnliche Funktion hat das seltenere Infix *-nin-* (so von dem schon genannten *ḫark-* „umkommen" auch *ḫarnink-* „vernichten"), vgl. Friedrich, ZA N. F. 2, S. 50, Ders., Staatsv. I S. 31[3]. Den Kausativen nahe steht das denominative Suffix *-aḫḫ-*, das bedeutet „so machen, wie das Grundwort angibt", z. B. *dannattaḫḫ-* „verwüsten" zu *dannattaš* „leer, wüste", *šuppi̯aḫḫ-* „reinigen" zu *šuppiš* „rein"; auch von Substantiven wie *kururi̯aḫḫ-* „Krieg führen" zu *kurur* „Krieg" (Friedrich, ZA N. F. 1, S. 16f.). — Die Verba auf *-eš-* besagen „so sein oder werden, wie das zugrunde liegende Nomen angibt", z. B. *ida-*

[1]) Schon richtig bestimmt von Knudtzon, Arzawabriefe S. 43f.

[2]) Zu dieser Bedeutung vgl. vor allem Götze, Madd. S. 106ff.

[3]) Jedoch bildet das Suffix *-alaš* auch Adjektiva wie *genzuu̯alaš* „freundlich" zu *genzu* „Freundlichkeit".

laụeš- „böse werden“ zu *idaluš* „böse“, *šalleš-* „groß werden“ zu *šalliš* „groß“, *dannatteš-* „leer werden“ zu *dannattaš* „leer“ (Götze [Sommer], Ḫatt. S. 69f.). Eine ähnliche Gruppe bilden die Denominativa auf *-ịa-* mit der Bedeutung „sein, was das Adjektiv besagt“ oder „tun, was das Substantiv besagt“, z. B. *irmaliịa-* „krank sein“ zu *irmalaš* „krank“, *lamniịa-* „nennen, heißen“ zu *lāman* „Name, Befehl“ (Götze, Madd. S. 97ff.). Und zu dieser *-ịa*-Gruppe stehen nach der Bedeutung und vielleicht auch Form in naher Beziehung die Denominativa auf *-ā(ị)-* wie *aršā(ị)-* „pflanzen“ zu *aršiš* „Pflanze“, *genzuụā(i)-* „freundlich sein“ zu *genzu* „Freundlichkeit“ (Götze, Madd. S. 81ff., 99f.). — Im Kapitel der Stammbildung mag auch auf die Erscheinung hingewiesen werden, daß sich zwei Verba nach Art von lat. *fero tuli* gegenseitig ergänzen. Das Hethitische bietet dafür ein interessantes Beispiel: Das Verbum *ki-* „liegen“ dient als Passiv (genauer vielleicht sogar als Perfectum Passivi) zu *tāị-* „setzen“, das selbst keine Passivformen bildet; *kitta* „er liegt, ist gelegt worden“ steht also zu *teḫḫi* „ich setze“ im selben Verhältnis wie gr. κεῖται zu τίθημι (Hrozný, Spr. d. H. S. 35, 75, 165, Sommer-Ehelolf, Pāp. S. 52).

g) Syntax.

Die hethitische Syntax ist namentlich im Anfange der Forschung neben den zunächst dringlicheren Aufgaben der Bedeutungslehre und Flexion etwas kurz weggekommen; erst neuerdings, nachdem auf diesen Gebieten nach der Unrast der ersten Entdeckungszeit eine gewisse Beruhigung eingetreten ist, kommt auch die Syntax mehr zu ihrem Rechte.

Aus der Syntax des Nomens sei erwähnt, daß die Komparation des Adjektivs zum Unterschiede von anderen altidg. Sprachen nicht durch besondere Formantien, sondern auf syntaktischem Wege ausgedrückt wird; man sagt „A ist groß gegen B“ für „A ist größer als B“, „A ist groß unter allen“ für „A ist der größte von allen“ (Friedrich Archiv f. Orientforsch. 3, S. 185f., vgl. auch ZA N. F. 5, S. 43[1], 51). — Sehr zu wünschen wäre eine Untersuchung über die „Genuskongruenz“ bei attributivisch neben Substantiven stehenden Adjektiva und Pronomina; die bisher stillschweigend geltende Auffassung, das Hethitische nehme es in diesem Punkte nicht sehr genau, ließe sich dadurch hoffentlich korrigieren[1]). Die Frage ist um so interessanter, da das Hethitische mit seiner Reduzierung der Genera auf zwei (Maskulinum und Femininum sind zusammengefallen) unter den altidg. Sprachen überhaupt eine Sonderstellung einnimmt. Man darf vermuten, daß das kleinasiatische Substrat des Hethitischen entweder nur das Belebte vom Unbelebten unterschied oder überhaupt keine Genusunterschiede kannte, im letzteren Falle wäre das genuslose Armenische als Parallele heranzuziehen. — Einer Gesamtuntersuchung bedürfte auch die Kasusrektion der Postpositionen, vorläufige Bemerkungen dazu bei Sommer-Ehelolf, Pāp. S. 8, 33. — Auch sonst existieren zur Kasusrektion nur vereinzelte Beobachtungen, z. B. über die Konstruktion von *šipant-* „ein Gußopfer darbringen" (Sommer-Ehelolf, Pāp. S. 19f.), über die Verba des Krankseins, die entweder mit der kranken Person als Subjekt intransitiv sind oder die Krankheit als Subjekt und die kranke Person als Akkusativobjekt haben (Friedrich, Staatsv. I, S. 31f.), über die Konstruktion von Maßangaben (Friedrich, ZA N. F. 5, S. 36f.) oder schließlich über den Gebrauch der pronominalen Akkusative als Nominative (statt *uga* „ich" heißt es meist *ammuk*, eigentlich „mir, mich", statt des ganz selten belegten *u̯eš* „wir"[2]) fast stets *anzāš*, eigentlich „uns", Friedrich, Staatsv. I S. 89f.), der in den romanischen Nominativen *me, te* usw. eine interessante Parallele hat. Auch die elliptische Ausdrucksweise wie *u̯aštulaš* „(der Mann) der Sünde"[3]) = „der Sünder", *ḫaššannaš* „(der Angehörige) der Familie"[4]) = „der Blutsverwandte" (Friedrich, Staatsv. I S. 45, 158) mag hier erwähnt sein. — Eine eigentümliche Konstruktion tritt ein, wenn die Personalpronomina von einer Postposition regiert werden. Ist das Pronomen betont, so sagt man zwar, wie zu erwarten, z. B. *ammuk piran* „vor mir",

---

[1]) Die Frage ist neuerdings wenigstens gestreift von Sturtevant, Festschrift Collitz S. 16ff.

[2]) Die bei Hrozný, Spr. d. H. S. 114, Friedrich, ZDMG N. F. 1, S. 163 noch fehlende Nominativform *u̯ēš* < **u̯eu̯es* (got. *weis*) ist richtig erkannt von Hrozný, Code hittite I, S. 157 und Forrer, ZDMG N. F. 1, S. 207.

[3]) *u̯aštulaš* Gen. Sing. von *u̯aštul* „Sünde".

[4]) *ḫaššannaš* Gen. Sing. von *ḫaššatar* „Zeugung, Familie".

bei Unbetontheit des Pronomens aber wird keine Form des Personalpronomens vor, sondern der neutrische Nom.-Akk. Sing.[1]) des Possessivums enklitisch hinter die Postposition gesetzt, z. B. *piran-tet* „vor dir", *appan-šamit* (gesprochen **appan-smet*) „hinter ihnen" (Friedrich, ZA N. F. 3, S. 182f., doch vgl. auch Staatsverträge II, S. 143f.). — „Jemand, etwas" heißt *kuiški, kuitki.* In besonderen Fällen aber kann dafür auch das einfache *kuiš, kuit* eintreten, nämlich einerseits neben einer Negation, wo heth. *UL kuiš* = lat. *non aliquis* ist (Sommer, Heth. II, S. 3[1]), andererseits im Bedingungssatze, wo *mān kuiš,* für das freilich auch *mān kuiški* vorkommt, lat. *si quis* entspricht (Friedrich, Staatsv. I S. 87). — Eine beliebte Konstruktion ist das u. a. auch im Griechischen vorkommende und dort so genannte σχῆμα καθ' ὅλον καὶ μέρος oder, wie man es vielleicht kürzer bezeichnen könnte, die partitive Apposition. Statt „er faßt die Hand des Bruders" sagt der Hethiter gern „er faßt den Bruder, (nämlich) die Hand", setzt also zunächst das Ganze und läßt dann, sich gewissermaßen korrigierend, den Teil im gleichen Kasus folgen (Friedrich, ZA N. F. 1, S. 175. Ders., Staatsv. I S. 43ff.). Die Konstruktion kommt bei jedem beliebigen Kasus vor, sogar beim Ablativ sagt man beispielsweise „ich habe das durch mich, durch die Hand (*ammēdaz* ŠU-*az*) getan" für „ich habe es mit eigener Hand getan".

In der Syntax des Verbums sei vor allem auf die Konstruktion des Potentialis und Irrealis hingewiesen. Bei dem völligen Mangel an Modi muß dafür eine Partikel zu Hilfe genommen werden; wie zuerst Ungnad (bei Sommer, Heth. II, S. 52) gesehen hat, bezeichnet *man* neben einem Präsens den Potentialis, neben einem Präteritum den Irrealis (Friedrich, KlF 1, S. 286ff.).

Ungnad verdanken wir auch verschiedene Erkenntnisse auf dem Gebiete des hethitischen Satzbaues, so vor allem die wichtige Tatsache, daß koordinierte Sätze stets durch *nu* verbunden werden und daß also das angebliche Pronomen *naš* „er" Hroznýs (Spr. d. H. S. 134) in *nu* + *-aš* zu zerlegen ist (ZDMG 74, S. 417ff., vgl. schon o. S. 29). In einem Falle allerdings fehlt

[1]) Bei *katta* „bei" der Lokativ: *katti-mi* „bei mir".

das satzverbindende *nu*, nämlich zwischen *u̯au̯ar* „kommen" oder *pāu̯ar* „gehen" und einem folgenden Verbum. Die Erscheinung ist schon von Ungnad a. a. O. S. 421 beobachtet und erklärt sich nach Friedrich, Staatsv. I S. 162ff. so, daß die beiden genannten Verba der Bewegung keine vollwertigen Prädikate, sondern nur „phraseologische" Verba sind; z. B. „er kam, eroberte die Stadt" ist nur so viel wie „da eroberte er die Stadt". Ähnliche Konstruktionen kennen unter den altorientalischen Sprachen das Hebräische und Ägyptische. Ebenso wie *naš* in *n(u)* + *-aš*, so ist *taš* „er" in *ta* „und" + *-aš* „er" zu zerlegen (Ungnad, ZA N. F. 2, S. 104[1], vgl. schon o. S. 29). — Auch Ungnads Beobachtungen über die Stellung der Partikeln *-a* „und" und *-ma* „aber" im Satze (ZA N. F. 2, S. 103ff.) wären in diesem Zusammenhang zu erwähnen.

Bemerkenswert ist, daß das Hethitische ziemlich komplizierte Satzgefüge zu bauen und mehrere Nebensätze ineinander zu schieben versteht; es steht dadurch im Gegensatz zu seinen Nachbarsprachen, vor allem zu dem im Satzbau kindlich einfachen Ägyptischen. Ungnads Ansicht, daß der hethitische Satzbau parataktisch, nicht hypotaktisch sei (ZA N. F. 3, S. 283ff.), kann ich nicht teilen. — Untersuchungen zu einzelnen Satzarten existieren noch kaum. Gelegentliche Bemerkungen zu den Inhaltssätzen, die anscheinend teils asyndetisch, teils mit *kuit* „daß" angeschlossen wurden, bei Götze, Ḫatt. S. 74, Friedrich, ZA N. F. 2, S. 279f., Tenner, Annalentext S. 19 (99f.), zur Einleitung der Konzessivsätze durch *mān -a* „wenn auch" Friedrich, Staatsv. I S. 32f. In dem o. S. 37 genannten Artikel Friedrichs zum Irrealis sind auch die irrealen Bedingungssätze mit behandelt.

h) Beziehungen zu anderen Sprachen.

Über die verwandtschaftlichen Beziehungen des Hethitischen zu anderen idg. Sprachen ist noch kein abschließendes Urteil gewonnen. Man begnügt sich im allgemeinen mit der Feststellung, daß der idg. Bestandteil der Sprache nach Vokalismus und Behandlung der Gutturale Beziehungen zu den westidg. Sprachen, nach dem *r*-Passivum sogar speziell zum Italisch-Keltischen, aufweist. Ferner hat man mit guten Gründen vermutet, daß die Trennung des Hethitischen vom Idg. in eine sehr frühe Zeit fällt, so sehr die Trennungsverhältnisse im einzelnen hypothetisch bleiben: Forrer (MDOG 61 [1921], S. 26f.) und anschließend Ungnad (ZA N. F. 1 [1923], S. 3f.) wollen das Uridg. einerseits und das Hethitische andererseits erst im „Protoidg." zu einer höheren Einheit verbinden, ebenso Sturtevant Transactions of the American Philological Association 50 (1929) S. 25ff., der statt „Protoidg." den Ausdruck „Indo-Hittite" vorschlägt. Ähnlich denkt Hrozný (Über die Völker und Sprachen des alten Chatti-Landes = Boghazköi-Studien, Heft 5, S. 47[2]) an Seitenverwandtschaft des Hethitischen zum Idg. nach Art der Stellung des Ägyptischen zum Semitischen. P. Kretschmer endlich denkt sich (Glotta 14, S. 300ff.) die Ausbreitung der Idg. in die Mittelmeerländer in mehreren, durch große zeitliche Zwischenräume getrennten, Wellen erfolgt: auf einen ersten „protidg." Schub, der im Etruskischen, Ägyptischen, Lydischen usw. nur geringe Spuren hinterlassen habe, sei der Vorstoß der Hethiter nach Kleinasien und noch später erst die Einwanderung der Griechen, Italiker usw. in ihre spätere Heimat erfolgt.

Übrigens ist die Annahme eines idg. Bestandteiles im Hethitischen noch keineswegs Allgemeingut der Wissenschaft. Ablehnend verhalten sich noch immer Hüsing (Wiener Prähist. Zeitschr. 7/8 [1920/21] S. 29ff.) und Bork (OLZ 1916, Sp. 289ff.; Skizze des Lükischen, S. 2f.), die vielmehr das Hethitische sowohl wie zahlreiche andere Sprachen des alten Vorderasien zu den kaukasischen Sprachen rechnen, ohne bisher ihre Auffassung näher begründet zu haben. Ihnen steht auch Weidner nahe, obwohl dieser einen „gewissen arischen Einschlag" im Hethitischen zugibt (Stud. z. heth. Sprachw. S. 32).

Daß das Hethitische keine idg. Sprache im landläufigen Sinne, sondern eine Mischsprache von der Art des Albanischen ist, steht fest. Der fremde Einfluß macht sich besonders im Wortschatz geltend. Noch ungelöst ist die Frage, aus welcher Sprache oder welchen Sprachen die unidg. Bestandteile des Wortschatzes entlehnt sind. Möglicherweise werden die übrigen Boghazköisprachen, wenn sie einmal besser erforscht sind, eine Antwort darauf geben. Ebenso sind etwaige Lehnwörter des

Hethitischen aus anderen altorientalischen Sprachen noch kaum festgestellt. Noch gar nichts ist bekannt über etwaige Lehnwörter aus dem Ägyptischen. Entlehnungen aus dem Babylonischen sind z. B. heth. *šankunniš* „Priester" < bab. *šangû*, h. *tuppi* „Schrifttafel, Urkunde" < b. *ṭuppu*, vielleicht auch das Verbum *tarkummiįa-* „verkünden, erklären" < bab. *targumānu* „Dolmetscher". Aus der Sprache der um 1400 v. Chr. in Vorderasien nachweisbaren Inder entlehnten die Hethiter die bekannten, der Sprache des Rennsports angehörigen, Termini für die Rundläufe des Rennwagens *aikau̯artanna* „einfache Wendung" usw., möglicherweise auch andere Wörter wie heth. *įugan* „Joch" < ai. *yugam* (Götz, IF 42, S. 327f.). Das angebliche griechische Lehnwort *kuirwanaš* „unabhängiger Herrscher" < gr. κοίρανος (Forrer, OLZ 1924, Sp. 117) ist ein Phantasieprodukt (s. Friedrich, KlF 1, S. 106f., Götze, Madd. S. 140f.).

Noch problematischer ist umgekehrt ein etwaiger Einfluß des Hethitischen auf andere vorderasiatische Sprachen. Weder im Ägyptischen noch im Babylonischen sind bisher Lehnwörter aus dem Hethitischen erkannt worden. Ob hebräisch *šåliš* „Ritter, Held" mit umstrittener Etymologie aus heth. *šalliš* „groß" entlehnt ist (Cowley, Journal of Theological Studies 21 [1920], S. 326f.), bleibt sehr zweifelhaft. Unter den von Porzig (ZII 5 S. 268ff.) jüngst nachgewiesenen kleinasiatischen Fremdwörtern des Indischen befindet sich kein hethitisches, aber vielleicht lebt heth. *arunaš* „Meer" (s. Kretschmer, WZKM 33 [1926], S. 3ff.; vgl. auch KZ 55 [1927], S. 77) im Namen des indischen Gottes Varuṇa fort. Zu einigen fragwürdigen Anklängen lykischer Wörter an hethitische s. Friedrich, Art. Altkleinasiatische Sprachen im Reallex. d. Vorgesch. Bd. 1, S. 126ff., § 23 und vgl. dazu u. S. 70. Hethitisches Lehngut wäre wohl namentlich im Phrygischen zu erwarten, das phrygische Reich ist ja vielleicht z. T. der Nachfolger des Ḫattireiches; leider läßt uns die Spärlichkeit der phrygischen Sprachdenkmäler im Stich. Da aber laut antiker Überlieferung die Armenier Abkömmlinge der Phryger sind, so bleibt immer noch die Hoffnung, im Armenischen hethitische Lehnwörter zu finden; auf einige Anklänge in dieser Richtung ist bereits von armenischer Seite aufmerksam gemacht worden (Martirossian, Handes Amsorya 38 (1924), S. 453; sehr unkritisch), vgl. ferner Jensen, ZA N. F. 2, S. 82 zu heth. *išḫaš* „Herr' und arm. *išḫan* „Fürst". Sollte sich endlich nähere Verwandtschaft zwischen Tocharisch und Phrygisch bestätigen (s. o. S. 23[1]), so wäre auch auf hethitisch-tocharische Gleichungen zu achten. Einige Gleichklänge sind auch hier bereits beobachtet (Friedrich, Arch. f. Keilschriftforsch. 2, S. 122 mit Anm. 2): heth. *kašt-* „Hunger" = toch. *kaṣt*, heth. *tekan* „Erde" = toch. *tkan*, heth. *papparš-* „sprengen" = toch. *papärs* „er spritzte"; ob sie mehr sind als bloße Gleichklänge, wird hoffentlich die Zukunft lehren.

Während man beim Hethitischen den Eindruck einer zwar jungen, aber doch kräftig vorwärtsstrebenden Wissenschaft hat, liegen die Verhältnisse für die übrigen Boghazköisprachen wesentlich ungünstiger. Die Erforschung dieser Sprachen steht noch kaum in den allerersten Anfängen, so daß zwar hier und da ein paar Wörter, aber noch keineswegs zusammenhängende Textstücke verständlich sind. Der Grund liegt teilweise in der verschwindend geringen Zahl und oft schlechten Erhaltung der Textstücke, teilweise in der weit geringeren Verwendung von Ideogrammen, die bei den ersten Studien im Hethitischen so gute Dienste leisteten. Was auf dem Gebiete der übrigen Boghazköisprachen geleistet worden ist, läßt sich daher mit wenigen Worten sagen.

2. Das Luwische.

Das Luwische, die Sprache größerer Länderstrecken an der Südküste Kleinasiens und anderwärts[1]), begegnet nur selten in kurzen Beschwörungen innerhalb von sonst hethitisch abgefaßten Ritualtexten. Wir wüßten mit dieser Sprache wahrscheinlich überhaupt nichts anzufangen, wenn wir nicht durch eine Art Bilinguis wenigstens einen gewissen Einblick bekämen. Innerhalb eines Rituals wird eine Beschwörung zuerst hethitisch und dann, wie die Götternamen zeigen, fast wörtlich gleich luwisch mitgeteilt; den Wortlaut beider Fassungen s. bei Hrozný, Völker und Sprachen, S. 36f., Forrer, ZDMG N. F. 1, S. 216f. Da ergeben sich u. a. die folgenden luwisch-hethitischen Glei-

---

[1]) Vgl. zuletzt Friedrich, KlF 1, S. 371ff.

chungen: luw. *kuinzi* = heth. *kuēš* (Nom. Plur. des Relativpronomens), luw. *u̯aššantari* = heth. *u̯eššanta* „sie bekleiden sich“, luw. *ḫišḫii̯antiš* = heth. *išḫii̯antiš* „(sie sind) umwunden“. Diese und ein paar andere Gleichungen[1]) sowie mehrere hethitisch anmutende Wörter in luwischen Textstücken erwecken den Eindruck, daß Hethitisch und Luwisch in einem gewissen Verwandtschaftsverhältnis stehen; anderes wieder sieht freilich sehr fremdartig aus. Man vermutet deshalb, daß auch das Luwische eine letzten Endes idg. Sprache sei, nur scheint der idg. Charakter viel stärker verwischt als beim Hethitischen. Das nähere Verhältnis zwischen beiden Sprachen ist noch vollkommen dunkel. Nach Forrer (MDOG 61 [1921], S. 27) und Ungnad (ZA N. F. 1 [1923], S. 7) sind die Luwier als die ersten, ein Jahrtausend vor den Hethitern eingewanderten, Idg. auf kleinasiatischem Boden anzusehen; daher sei ihre Sprache viel stärker durch die kleinasiatische Urbevölkerung umgewandelt worden als das Hethitische. Sehr unsicher ist, ob mit Ungnad (ZA N. F. 1, S. 1ff.) der Name der Luwier in dem der Lykier fortlebt. Möglicherweise aber könnten die Luwier berufen sein, in der Frage der bekannten vorgriechisch-kleinasiatischen Ortsnamen auf -νθος und -σσος (-ττος) einmal ein Wort mitzureden. Die hethitischen Texte zeigen Ortsnamen dieser, früher in Griechenland und Westkleinasien belegten, Bildung schon im 2. Jahrtausend v. Chr. und bis weit ins innerste Kleinasien hinein[2]), und Forrer hält die Ortsnamen für luwisch (MDOG 61, S. 23), ohne allerdings bisher einen schlagenden Beweis erbracht zu haben.

3. Das Chattische oder Protohattische.

Das Protohattische ist die Sprache der Urbevölkerung des Kernlandes Ḫatti in der Mitte Kleinasiens, von dem das spätere und ausgedehntere Ḫattireich mit seiner anderssprachigen, von uns „Hethiter“ genannten, Herrenschicht den Namen erhalten hat. Protohattische Textstücke sind im Boghazköiarchiv reichlicher vertreten, einige auch mit hethitischen Übersetzungen

[1]) Vgl. auch Friedrich, KlF 1, S. 371[2].

[2]) Sammlung einer Reihe von Beispielen bei Bilabel, Geschichte Vorderasiens und Ägyptens, Bd. I, S. 281.

versehen[1]). Doch helfen diese nicht allzu viel weiter, da der sonderbare Sprachbau und die anscheinend große Formenfülle Schwierigkeiten genug bieten.

Als Hauptcharakteristikum des Sprachbaus fiel Forrer sehr bald an Hand der Bilinguen auf, daß die Flexion in der Hauptsache durch Präfixe erfolgt. Im Anschluß an Forrer, ZDMG N. F. 1, S. 228ff. gebe ich ein paar gesicherte Beispiele aus Bilinguen. Das Präfix des nominalen Plurals ist *le-*, z. B. *le-binu* „Kinder", *le-zuḫ* „Tücher, Decken", *le-u̯ae* „Geräte". Für den Ausdruck der Possessivpronomina vgl. *le i-binu* „seine Kinder". Das Adjektiv zeigt gewisse „artikelartige" Präfixe *a-*, *i-*, *u̯a-*, die noch nicht genauer bestimmt sind: *a-šaḫ* und *u̯a-šaḫ* „böse", *i-malḫib* „gut". Von der Fülle der verbalen Präfixe ist bisher erst sehr wenig bestimmt, daher nur ein paar Proben: von *nuu̯a* „kommen": *taš-te-nuu̯a* „er soll (*-te*) nicht (*-taš-*) kommen", *taš-te-ta-nuu̯a* „er soll nicht hin (*-ta*) kommen"; von *šul* „lassen": *tu-ḫ-ta-šul* „er ließ hinter (*tu-*) ihm her (*-ta*)", *te-ta-ḫ-šu-šul* „er soll (*te-*) ihn (*-ḫ-*) immer (Teilverdoppelung des Stammes *šul*) hinzu (*-ta-*) lassen", *taš-tu-ta šula* „er soll nicht (*taš-*) hinzu (*-ta*) lassen".

Daß das Protohattische weder mit dem Idg. noch mit dem Semitischen verwandt sein kann, bedarf keines Wortes. Aber auch eine Verwandtschaft mit den gleichfalls durch Präfixe flektierenden Bantusprachen ist wenig wahrscheinlich. Näher läge es, mit Forrer (MDOG 61, S. 25) an Zusammenhang mit nordostkaukasischen Sprachen zu denken, die z. T. gleichfalls so flektieren. Forrers Vermutung ist noch etwas näher untersucht worden von Bleichsteiner („Zum Protochattischen" in den Berichten des Forschungsinstituts für Osten und Orient in Wien, 3. Bd. [1923], S. 102—106). Er zieht auch die nordwestkaukasischen und südkaukasischen Sprachen zum Vergleich heran und vergleicht mit den protoh. „artikelartigen" Präfixen *i-* und *u̯a-* abchasisch *j-ab* „sein Vater", *i-bl-uejt* „er brennt" und *u-ab* „dein Vater", *u-bl-uejt* „du brennst" und mit dem protoh. Pluralpräfix *le-* das veraltete und seltene Pluralpräfix

[1]) Proben protohattisch-hethitischer Bilinguen bei Hrozný, Völker und Sprachen, S. 26ff., 33ff., Forrer, ZDMG N. F. 1, S. 235, 238, 239ff.

la- des Swanischen. Auch macht er auf den Gleichklang von protoh. *u̯aš̮ḫab* „Gott" mit veraltetem tscherkessischem *uaš'ḫo* „Gott" aufmerksam. Daß diese Anklänge an und für sich nicht viel beweisen, betont Bleichsteiner selbst; Sicherheit kann man hier, wie so oft, erst von der Zukunft erhoffen.

4. Das Churrisch-Mitannische oder Subaräische.

Sowohl vom Hethitischen und Luwischen wie vom Protohattischen gänzlich verschieden ist die dritte außer dem Hethitischen einigermaßen bekannte Boghazköisprache, das Churrische (Churritische) oder Charrische[1]), dessen Heimat wahrscheinlich in den armenischen Bergen zu suchen ist. Die Sprache kommt in den Boghazköitexten nicht gar zu selten vor, und zwar nicht nur innerhalb hethitischer Textstücke, sondern auch in selbständigen Texten (so in zwei Bruchstücken einer churrischen Version des Gilgamesch-Epos). Die Hoffnung auf ein Eindringen in das Verständnis der Sprache wird jedoch sehr enttäuscht durch die schlechte Erhaltung sämtlicher Bruchstücke, die nur selten vollständige Sätze bieten, durch das vollständige Fehlen zweisprachiger Texte und durch die ganz seltene Verwendung von Ideogrammen. Man würde deshalb dem Churrischen ganz ratlos gegenüberstehen, wenn nicht von außen her wenigstens eine gewisse Hilfe käme. Bereits Hrozný hat nämlich erkannt[2]), daß die Sprache nur dialektisch oder vielleicht gar nur orthographisch verschieden ist von der Sprache des Landes Mitanni im nordwestlichen Mesopotamien, von der durch den Fund des ägyptischen El-Amarna-Archivs seit den achtziger Jahren ein einziges, aber ziemlich umfangreiches, Sprachdenkmal, ein Brief des Königs Tušratta von Mitanni (etwa 1410—1375 v. Chr.) an Amenophis III. von Ägypten, bekannt ist. Dieser Mitannibrief wie er meist kurz genannt wird, ist im Keilschrifttext zuletzt

[1]) Die Unsicherheit in der Aussprache beruht auf einer Zweideutigkeit der Keilschrift; das erste Silbenzeichen des Landesnamens *Ḫar-ri (Ḫur-ri)* und seiner Ableitungen kann sowohl *ḫar* als *ḫur* gelesen werden. Immerhin scheint in diesem Namen die größere Wahrscheinlichkeit für *ḫur* zu sprechen, vgl. Opitz, ZA N. F. 2, S. 81, Ungnad ebd. S. 101[1].

[2]) MDOG 56, S. 42ff., Völker und Sprachen S. 48, auch Forrer, ZDMG N. F. 1, S. 225.

veröffentlicht in den Vorderasiatischen Schriftdenkmälern der kgl. Museen zu Berlin, Heft XII (von O. Schroeder), Leipzig 1915, Nr. 200; eine Transkription gab Knudtzon, Beiträge zur Assyriologie 4, S. 134—153.

Da der Mitannibrief schon länger bekannt ist, hat sich die Forschung schon intensiver mit ihm beschäftigen und in seine Deutung eindringen können. Freilich mag es dem Uneingeweihten vielleicht kühn erscheinen, einen Brief, der das einzige Denkmal einer unbekannten, mit keiner anderen verwandten Sprache darstellt, aus sich heraus deuten zu wollen. Aber eine vollkommen unbekannte Größe ist doch der Mitannibrief nicht. Das Archiv von El Amarna enthält von demselben Tušratta noch eine ganze Anzahl Briefe an den Pharao in babylonischer Sprache[1]); und wir dürfen von vorn herein vermuten, daß dieselben Dinge, die in den babylonischen Briefen des Tušratta mit ziemlicher Eintönigkeit immer wieder behandelt werden, auch den Inhalt des Mitannibriefes bilden. In dieser Annahme bestärken uns die Eigennamen, die ebenfalls hier wie dort in gleicher Weise auftreten, und zwar so, daß bei methodischer Behandlung Schlüsse auf Flexionselemente und Wortbedeutungen möglich sind. Die sprachliche Auswertung begann denn auch bald nach Bekanntwerden des Briefes.

Im 5. Bande der ZA (1890) erschienen gleichzeitig und unabhängig voneinander je ein Aufsatz von P. Jensen (S. 166 bis 208; Fortsetzung in Bd. 6, S. 34—72), Brünnow (S. 209 bis 259) und Sayce (S. 260—274). Während die geistreichen, aber phantastischen und unbewiesenen Ausführungen von Sayce unberücksichtigt bleiben können, verdient Brünnows Versuch alle Anerkennung, und es ist nur zu bedauern, daß er seine Arbeit nicht fortgesetzt hat. Aber wirklich Grundlegendes, das sich bis heute bewährt hat, hat nur Jensen geschaffen, obwohl er seine Arbeit vorsichtig nur als „Vorstudien zur Entzifferung des Mitanni" bezeichnet. Er hat nicht nur in der bei einem Keilschrifttexte nicht von vornherein klaren Wortabteilung und in der bei einem Texte in unbekannter Sprache besonders schwierigen Ergänzung zerstörter Stellen einen festen Grund geschaffen,

[1]) Knudtzon, Die El-Amarna-Tafeln (Leipzig 1915), Nr. 17—23. 25—29.

er hat nicht nur allerlei treffliche Beobachtungen zur Aussprache gemacht, z. B. ZA 5, S. 172ff. über die strenge Unterscheidung von *e* und *i*, *u* und *ú* (auf dieser Erkenntnis konnte dann Bork seine These vom Fünfvokalsystem des Mitanni aufbauen), sondern er hat vor allem in die Deutung nicht nur einzelner Worte, wie Brünnow, sondern ganzer Textstellen in methodischer Arbeit die erste Bresche geschlagen. Einen weiteren Artikel „Zur Erklärung des Mitanni" lieferte Jensen in ZA 14 (1899), S. 173 bis 181, der leider keine Begründungen enthält, aber eine gute Zusammenstellung des bis dahin sicher Erarbeiteten bietet. Gleichzeitig damit nahm Messerschmidt in seinen „Mitanni-Studien" (MVAG 4, Berlin 1899, Heft 4) die Entzifferungsarbeit auf. In der Art Jensens bestimmte er zunächst rein kombinatorisch den Sinn einzelner Textstellen mit größerer oder geringerer Wahrscheinlichkeit und versuchte sich zum ersten Male an einer Interpretation des ganzen Briefes, wobei freilich, schon wegen der schlechten Erhaltung zahlreicher Stellen, vieles unsicher bleiben muß.

Mit Messerschmidt ist die rein kombinatorische Forschung am Mitanni so gut wie zu Ende; der Grund liegt hauptsächlich in dem geringen Umfange des Sprachstoffes, dem sich bei allem Scharfsinn nicht mehr abringen ließ. Dagegen tritt nun die Frage nach den Verwandtschaftsverhältnissen der Sprache in den Vordergrund. Hatte schon Jensen ZA 14, S. 180f. zweifelnd eine Verwandtschaft mit dem Idg. erwogen, was allerdings ein Irrtum ist, so erklärte Bork in der Schrift „Die Mitannisprache" (MVAG 14, 1909, Heft 1/2) das Mitanni für verwandt mit dem Kaukasischen und Elamischen. Borks unbestreitbares Verdienst ist, daß er mit aller Entschiedenheit auf den besonderen grammatischen Charakter der Sprache, der vom Idg. und Semitischen scharf absticht und in der sogenannten „Suffixaufnahme" sein besonderes Charakteristikum hat, hingewiesen hat. Ob der Nachweis der Verwandtschaft mit dem Kaukasischen gelungen ist, möchte ich zum mindesten offen lassen; der große zeitliche Abstand von den meist nur aus der Gegenwart bekannten Kaukasussprachen und der geringe Umfang des sicher zu erarbeitenden Sprachmaterials im Mitanni sind ein zu großes Hemmnis. Leider gibt Bork die von ihm erschlossenen Wortbedeutungen und Bildungselemente zum Unterschied von seinen Vorgängern ohne alle Beweise und erschwert dadurch die kritische Stellungnahme zu seinen Thesen. Fruchtbar sind mehrere Einzelergebnisse in seiner Schrift; ich hebe nur die (freilich schon vor ihm ausgesprochene) Annahme hervor, daß das Mitanni nur e i n e Art von Explosivlauten, und zwar stimmlose Mediä, besessen habe (S. 15f.), vgl. damit dasselbe, vom Mitanni aus angeregte Problem im Hethitischen (o. S. 22f.). Ferner hat Bork im Anschluß an die schon von Jensen (s. o. S. 46) beobachtete scharfe Unterscheidung zwischen *u* und *ú* angenommen, das Mitanni habe zum Unterschied vom Babylonischen nicht nur vier, sondern fünf Vokale besessen und *ú* sei als *u*, *u* dagegen als *o* zu lesen[1]); auch diese These hat, wie schon o. S. 19 geschildert wurde, auf das Hethitische weitergewirkt.

Mit der Erforschung des Boghazköifundes stellte sich nun sehr bald heraus, daß von der Mitannisprache das Churrische nur wenig abweichend sei. Ungnad ist es sogar gelungen (ZA N. F. 1, S. 133ff.), ein churrisches Fragment des Gilgamesch-Epos aus den Kenntnissen der Mitannisprache heraus zu interpretieren, wenn auch im einzelnen manches unsicher bleibt. Dies ist bisher der einzige Versuch geblieben, aus der Verknüpfung von Churrisch und Mitanni Nutzen für die Deutung zu ziehen, im übrigen hat die Auffindung des neuen Sprachmaterials noch keine Neubelebung der Forschung gebracht. Abgesehen von der schlechten Erhaltung der churrischen Fragmente hat das seinen Grund darin, daß die churrischen Stücke, meist religiöse Texte, inhaltlich stark von dem Mitannibriefe verschieden sind, so daß die aus dem letzteren erarbeiteten Wortbedeutungen im Churrischen kaum begegnen. Hoffentlich tritt nach Veröffentlichung a l l e r churrischen Fragmente (es liegen deren noch eine ganze Anzahl unveröffentlicht im Berliner Museum) wenigstens eine gewisse Förderung ein.

Das mitannisch-churrische Sprachgebiet ist nicht auf die beiden Länder Ḫurri und Mitanni beschränkt. Schon in den Amarnabriefen und verwandten Texten waren Personennamen

[1]) Dieselbe Vermutung für das Chaldische s. z. B. bei Belck, Zeitschrift für Ethnologie 1901, Verhandlungen S. 454[1].

„mitannischen" Gepräges aus Syrien und bis nach Palästina hinunter aufgetaucht, ja möglicherweise sind überall dort, wo das Alte Testament von „Hethitern" spricht, vielmehr solche „Mitannileute" gemeint (Gustavs Zeitschr. d. Deutschen Palästina-Vereins 50 [1927], S. 1ff.). Gleichartige Personennamen begegnen in babylonischen Urkunden des 3. und vor allem des 2. Jahrtausends v. Chr., namentlich in den Orten Dilbat, nicht weit von Babylon, und Nippur, südöstlich davon, ferner in Assyrien, wo namentlich in Kerkuk (östlich von Assur in den Vorbergen des Zagros) in letzter Zeit sehr zahlreiche, assyrisch geschriebene, aber von „Mitanni-"Namen geradezu wimmelnde, Kontrakte etwa aus der Mitte des 2. Jahrtausends ans Licht gekommen sind. Eine Sammlung und Bearbeitung aller dieser Namen wäre sehr erwünscht. Als ursprüngliche Heimat dieser weitverbreiteten Volksschicht gilt meist das alte Land Subartu, dessen Gebiet etwa dem des späteren Mitanni entspricht. Da in babylonischen lexikalischen Werken gelegentlich „Mitanni"-Wörter als der Sprache von Subartu angehörig bezeichnet werden, so dürfen wir wohl mit Ungnad (Kulturfragen Heft 1, Breslau 1923, S. 5f.) annehmen, daß *Subaräisch* die alte Bezeichnung der Sprache ist, und es würde sich, ebenfalls im Anschluß an Ungnad, empfehlen, diesen Namen als bequeme Zusammenfassung für die weitverbreitete Sprache statt Mitannisch oder Churrisch-Mitannisch zu gebrauchen. Wie weit sich das Subaräische etwa nach Kleinasien hinein erstreckt hat, bedarf noch der Aufklärung; ein bedeutender kultureller Einfluß der Subaräer auf die Hethiter scheint sicher.

Die Zahl der im Ḫattireiche gesprochenen Sprachen ist mit den bisher behandelten wahrscheinlich nicht erschöpft. Von einer weiteren Sprache, dem Palāischen, der Sprache des noch nicht näher lokalisierten Landes Palā, wissen wir wenigstens den Namen, doch sind Texte dieser Sprache bisher nicht sicher nachgewiesen[1]).

Ungewiß ist auch die sprachliche Zugehörigkeit der in den babylonisch-assyrisch geschriebenen sogenannten „kappadoki-

[1]) Was Forrer, ZDMG N. F. 1, S. 241f. an angeblich palaischen Texten bietet und an Folgerungen daran knüpft, steht auf ganz schwachen Füßen.

schen" Urkunden aus dem Ende des 3. Jahrtausends v. Chr. enthaltenen kleinasiatischen Namen; meist nimmt man stillschweigend an, daß sie dem Protohattischen angehören[1]).

B. Die späteren kleinasiatischen Sprachen.

1. Die Sprache der sogenannten „hethitischen" Hieroglypheninschriften.

Die „hethitischen" Hieroglypheninschriften müssen hier viel kürzer abgetan werden als der auf ihre Entzifferung verwendeten Mühe entspräche, weil trotz alles Scharfsinns ihre Deutung auch heute noch in den allerersten Anfängen steckt und vor allem, weil über die Sprache dieser Texte noch gar nichts Sicheres ermittelt ist.

Hieroglypheninschriften hat man seit den siebziger Jahren bis in die Gegenwart besonders zahlreich in Nordsyrien, in geringerer Zahl in Kleinasien und anderwärts (z. B. in Assur und Babylon) gefunden; die ältesten kleinasiatischen stammen aus der Zeit des hethitischen Großreiches[2]), die Hauptmasse der syrischen Inschriften aus späterer Zeit bis ins 8. Jahrhundert v. Chr. Eine Sammlung der Texte veranstaltete seinerzeit Messerschmidt unter dem Titel „Corpus Inscriptionum Hettiticarum (MVAG 1900, Heft 4 und 5; Nachträge ebd. 1902, Heft 3 und 1906, Heft 5); von den inzwischen hinzugekommenen Funden erwähne ich D. G. Hogarth, Liverpool Annals 1909, S. 165ff., das Abbildungswerk Carchemish (Part I 1914 von Hogarth, Part II 1921 von Woolley) und W. Andrae, Hettitische Inschriften auf Bleistreifen aus Assur, Leipzig 1924 (46. wissenschaftl. Veröffentlichung der Deutschen Orient-Ges.).

---

[1]) So z. B. Lewy, Die altassyrischen Texte vom Kültepe bei Kaisarîje, Konstantinopel 1926, S. 73.

[2]) Das Siegel der Boghazköi-Urkunde KBo V 7 (aus der Spätzeit des Ḫattireiches) hat neben der keilschriftlichen auch eine, allerdings fast völlig zerstörte, hieroglyphische Legende; Transkription des keilschriftlichen Teiles bei Forrer, ZDMG N. F. 1, S. 183[2]. Ganz neuerdings ist auch ein Siegelabdruck des großen Šuppiluliuma (Mitte des 14. Jh. v. Chr.) mit keilschriftlicher und hieroglyphischer Legende bekannt geworden; leider ist die letztere ebenfalls stark beschädigt; Abbildung bei Weidner, Arch. f. Orientforsch. 4, S. 135.

Die Entzifferung ist besonders schwierig, weil Schrift und Sprache unbekannt sind. Bilingue Texte kommen so gut wie nicht in Betracht. Die zwei o. S. 49 Anm. 2 erwähnten Siegel sind erst neuerdings bekannt geworden und wegen fast vollständiger Zerstörung nicht verwendbar. Schon die ältere Forschung kannte zwei weitere keilschriftlich-hieroglyphische Siegel, das des Indilimma oder Indišima (Abbildung in Messerschmidts Corpus Tafel 45, Nr. 8) und das des Tarqūtimme (?) oder „Tarkondemos"[1]) (Abb. ebd. Tafel 42, Nr. 9). Die an diese „Bilinguen" geknüpften Hoffnungen können schon wegen der Kürze beider Texte nur gering sein und werden weiter gemindert dadurch, daß bei dem Indilimma-Zylinder der hieroglyphische Teil viel kürzer ist als der keilschriftliche und also nicht dessen wörtliche Übersetzung sein kann, und daß bei dem Tarkondemos-Siegel nicht einmal die keilschriftliche Legende über allen Zweifel erhaben ist.

Von den älteren Deutungsversuchen erwähne ich nur den umfassendsten und eindringendsten von P. Jensen (ZDMG 48 [1894], S. 235—352 und 429—485; Hittiter und Armenier, Straßburg 1898 sowie mehrere Einzelartikel)[2]). Jensens Arbeit unterscheidet sich dadurch vorteilhaft von denen seiner Vorgänger, daß er nicht damit beginnt, die Lautwerte der Zeichen bestimmen zu wollen, sondern zunächst unter Beiseitelassung des Lautlichen in den Sinn der Texte einzudringen versucht. Ein bleibendes Verdienst ist, daß er in langwierig-mühseliger Vergleichung von in der Hauptsache gleichlautenden, aber in Einzelheiten differierenden Inschriften eine große Anzahl von Zeichengruppen, d. h. Wörtern, ausgesondert hat. Jensen geht aus von einem häufig am Anfang der Texte stehenden Hieroglyphenzeichen, einem Kopfe mit Arm, dessen Hand nach dem Gesichte zeigt; dieses Zeichen war schon vor ihm, wohl

---

[1]) Neuerdings liest Albright, Arch. f. Orientf. 4, S. 137f. den Namen, vielleicht mit größerem Rechte, *Tarqumuwa*.

[2]) Von den noch älteren, aber ganz phantastischen Versuchen von Sayce u. a. sehe ich hier ab; Übersicht über die bis 1896 unternommenen Entzifferungsversuche bei Reckendorf, ZA 11 (1896), S. 1—40. Eine beachtenswerte Kritik von Jensens Entzifferung gab Messerschmidt, Bemerkungen zu den hethitischen Inschriften (MVAG 1898, Heft 5).

sicher richtig, als „ich“ gedeutet worden[1]). Die auf dieses „ich“ folgenden, durch die gleiche Endung als koordiniert gezeichneten, Gruppen deutet Jensen als Königstitulatur im Nominativ. Weiterhin wiederholt sich dieselbe Titelreihe mit anderen, aber unter sich wieder kongruierenden, Kasusendungen, und dann folgt ein Ideogramm, das sich unter den ersten Titeln nicht findet; Jensen deutet das Ideogramm als „Sohn“ und den Kasus der unmittelbar vorhergehenden zweiten Titelreihe als Genetiv. In der angedeuteten Weise bemüht sich Jensen zunächst, dem Sinne größerer Textstellen beizukommen, und erst in zweiter Linie versucht er sich an der Bestimmung der Lautwerte. Er glaubt Ortsnamen wie *Ḥamāt*, *Karkemisch* u. dgl. feststellen zu können, liest den Königstitel *Syennesis* usw. Die Zeichenwerte, die er dadurch zu gewinnen glaubt, sind teils Ideogramme und Determinative, teils phonetische Zeichen, und zwar entweder für Einzellaute (Konsonanten und Vokale) oder für ganze Silben. Entbehren schon diese lautlichen Untersuchungen der Überzeugungskraft, die die Grundlegung von Jensens Arbeit auszeichnet, so erregte seine Vermutung über die Verwandtschaftsverhältnisse der in den Inschriften enthaltenen Sprache vollends Widerspruch. Jensen kommt nämlich, nachdem er eine ganze Reihe anderer Möglichkeiten mit ausführlicher Begründung abgewiesen hat, zu der Annahme, diese Sprache sei nicht nur idg., sondern speziell eine ältere Gestalt des Armenischen. Diese These ist deshalb höchst unwahrscheinlich, weil das Armenische, bekanntlich eine derjenigen idg. Sprachen, die sich am stärksten von dem ursprünglichen Typus entfernt haben, zur Zeit der Hieroglypheninschriften ein ganz anderes lautliches Aussehen gehabt haben muß, als Jensen voraussetzt. Auch die Tatsache, daß die Armenier nach unbedenklicher antiker Tradition Verwandte der Phryger sind und daß die Einwanderung der Phryger nach Kleinasien später fällt als die Abfassung der ältesten Hieroglypheninschriften, spricht gegen Jensen.

[1]) Ein ganz ähnliches Zeichen benutzt die ägyptische Hieroglyphenschrift, um in Verbalformen das „ich“ und beim Possessivum das „mein“ auszudrücken. Mit „ich bin“ beginnen auch zahlreiche andere altorientalische Inschriften: „Ich bin Meša῾“, „ich bin Darius“ usw.

Nach Jensens groß angelegtem Versuch tritt eine große Pause in der Forschung an den Hieroglypheninschriften ein. Erst die letzten zwei Jahrzehnte haben wieder mehrere Arbeiten gebracht, und zwar von R. C. Thompson, A new Decipherment of the Hittite Inscriptions (Archaeologia, Bd. 64), Oxford 1913; A. E. Cowley, The Hittites, London 1920 und C. Frank, Die sogenannten hettitischen Hieroglypheninschriften (Abhandl. f. d. Kunde des Morgenlandes 16, 3), Leipzig 1923 sowie Ders., Studien zu den „hettitischen" Hieroglypheninschriften, Heft 1, Berlin 1924; aus Raumrücksichten muß ich mir ein näheres Eingehen auf sie versagen. Gegen Frank, der eine große Anzahl phonetischer Lautzeichen, meist Silbenwerte, glaubt aufstellen zu können, wandte sich in schärfster Kritik P. Jensen, ZA N. F. 1, S. 245—296, indem er gleichzeitig den gegenwärtigen Stand seiner eigenen Entzifferungsarbeit darlegte. Wichtig daran ist vor allem, daß Jensen auf die phonetische Lesung der Texte, die schon bei seiner ersten Entzifferung nur eine sekundäre Rolle spielte, jetzt in weitestem Umfange überhaupt verzichtet und auch die Aussichten darauf als sehr gering bezeichnet, da die meisten Wörter durch Ideogramme ausgedrückt und nur wenig phonetische Zeichen vorhanden seien; er begnügt sich vielmehr in der Hauptsache mit der Ergründung des Sinnes. Inhaltlich faßt Jensen die Texte noch ebenso auf wie seinerzeit und sieht in ihnen nur lange Reihen von Titulaturen[1]); auch an dem armenischen Charakter der Sprache glaubt er festhalten zu müssen. Der Forscher aber, der nicht selbst auf dem dornenvollen Gebiete gearbeitet hat, gewinnt nach den Forschungen der letzten Jahre mehr denn je den Eindruck, daß hier alles noch im Flusse ist.

Im letzten Jahre hat sich Meriggi, der bereits durch methodisch gute Arbeiten auf lykischem Gebiete bekannt ist (s. u. S. 69), auch an der Entzifferung der Hieroglyphenschrift versucht (Die hethitische Hieroglyphenschrift [Eine Vorstudie zur Entziffe-

[1]) Auch in den neuen Texten auf Bleistreifen aus Assur (vgl. Jensen, OLZ 1927, Sp. 483ff.), die der Nichteingeweihte nach ihrem Äußeren (auf Blei geschrieben und zusammengerollt in die Erde vergraben!) für Fluchtafeln halten könnte, wie sie in gleicher Ausstattung aus dem klassischen Altertum genügend bekannt sind. Für apotropäisch hält diese Texte allerdings auch Jensen (a. a. O. Sp. 486).

rung]. ZA N. F. 5 [1930], S. 165—212). Den Hauptwert bei seinen Untersuchungen legt Meriggi nicht auf die Feststellung der Lautwerte — was er auf diesem Gebiete vorschlägt, soll nur provisorische Geltung haben —, sondern auf die Erörterung der Grundfragen: Reihenfolge der Zeichen, Worttrennung, welche Zeichen sind ideographisch, welche phonetisch aufzufassen usw. Über die phonetischen Zeichen vermutet er, daß sie Silbenwerte nach Art der Keilschrift haben. Auch Meriggis Ausführungen forderten Jensens Kritik heraus (ZA N. F. 6 [1931] S. 29—64). Gleichzeitig bemüht sich Jensen weiter im Sinne seiner ZA N. F. 1, S. 245ff. aufgestellten Grundsätze um die Ergründung der Texte rein dem Sinne nach unter Verzicht auf phonetische Lesung (bisher KlF 1 [1930] S. 462—497; weitere Artikel sind in Aussicht gestellt).

Unter diesen Umständen läßt sich auch auf die an dieser Stelle vielleicht am meisten interessierende Frage nach der Sprache der Hieroglypheninschriften keine befriedigende Antwort geben. Schon die Fragestellung ist jetzt komplizierter als zur Zeit der älteren Forschung, wo man in den Inschriften einfach die „hethitische Sprache" suchte. Nur Thompson hat, allerdings noch vor Bekanntwerden der Vielheit der Boghazköisprachen, das „Hieroglyphisch-Hethitische" mit dem Keilschrift-Hethitischen einfach gleichgesetzt, gewöhnlich werden beide Sprachen scharf geschieden, so vor allem von Jensen, ZA N. F. 1, S. 296. Was die Hauptmasse der späteren nordsyrischen Hieroglyphentexte betrifft, so ist ja auch nicht sehr wahrscheinlich, daß in Nordsyrien, was auch zur Zeit des Großreiches Ḫatti immer nur hethitisches Kolonialgebiet und nie von größeren Mengen von Hethitern bewohnt war[1]), sich die keilschrifthethitische Sprache nach dem Sturze des Ḫattireiches noch lange Zeit erhalten hätte. Eher könnte man versucht sein, in den nordsyrischen Inschriften mit Forrer (SPAW 1919, S. 1040) und Ungnad (ZA N. F. 1, S. 4; Kulturfragen 1, S. 8[1]) die subaräische Sprache zu suchen; dafür ließe sich der starke subaräische Einschlag in der älteren Bevölkerung Syriens geltend machen (s. o. S. 47f.), anderer-

[1]) Die Bezeichnung von Nordsyrien als „Ḫatti-Land" in neuassyrischer Zeit und im Alten Testament ist nur geographisch.

seits freilich ist gerade in den Zentren subaräischer Macht, in Ḫurri und Mitanni, die Hieroglyphenschrift bisher nicht nachweisbar. Frank (in seiner ersten Schrift S. 55—61) zieht auch das Subaräische in Betracht, rechnet aber mit der Möglichkeit, daß mehrere verschiedene Sprachen in den Hieroglyphentexten enthalten sind. An mehrere Sprachen denkt auch Unger (Arch. f. Keilschriftforsch. 1 [1923], S. 78ff.), nur ist dessen Schlußfolgerung, die hieroglyphischen Beischriften zu bildlichen Darstellungen von Personen in aramäischer Tracht enthielten auch aramäische Sprache, nicht sehr einleuchtend. Die Möglichkeit endlich, daß die Hieroglyphentexte irgendwie mit der luwischen Sprache in Beziehung stehen, wird von Friedrich, KlF 1, S. 374f. in Erwägung gezogen; selbstverständlich soll auch sie nichts anderes als eine Vermutung sein.

2. Die Stele von Ördek-Burnu.

Bei Ungers eben erwähnter Vermutung, man habe die Hieroglyphenschrift auch zur Schreibung der aramäischen Sprache benutzt, spielt die Tatsache eine Rolle, daß auch eine Inschrift in einer vermutlich kleinasiatischen Sprache, aber altaramäischer Schrift vorhanden ist, die nach ihrem Fundorte so genannte Stele von Ördek-Burnu (in der Nähe von Sendschirli am Amanus, auf der Grenzscheide zwischen Syrien und Kilikien). Das merkwürdige Denkmal ist am besten veröffentlicht von M. Lidzbarski, Ephemeris für semitische Epigraphik III (1915), S. 192—206, nach den Buchstabenformen stammt es mindestens aus der ersten Hälfte des 8. Jahrhunderts, vielleicht sogar aus dem 9. oder 10. Jahrhundert v. Chr. Leider ist der Text äußerst schwer lesbar, da die nach altaramäischem Brauche nicht in den Stein eingeritzten, sondern erhaben ausgearbeiteten Buchstaben bereits sehr stark verwittert sind; daher kann man in sehr zahlreichen Fällen zwischen verschiedenen Lesungen schwanken. Die Vokallosigkeit der Schrift und die unbekannte Sprache erhöhen die Schwierigkeiten, so daß man dem ziemlich kurzen Texte (er enthält nur zehn kurze Zeilen) kaum etwas abgewinnen kann. Auffälligerweise sind in den fremdsprachigen Text mehrere zweifellos aramäische Wörter eingestreut; ob diese als „Ideogramme“ nach Art der akkadischen Bestandteile des Hethitischen (s. o. S. 10f.) zu betrachten oder aramäisch zu lesen sind, ob der Verfasser, wie Lidzbarski erwägt, überhaupt aramäisch hat schreiben wollen und seiner Aufgabe nur zum Teil gerecht geworden ist, bleibt vorläufig problematisch. Auch die letzthin von Sayce, JRAS 1927, S. 699ff. geäußerte Meinung, die Sprache sei identisch mit der von Sayce aus den Hieroglypheninschriften herausgelesenen, läßt sich nicht weiter erörtern. Daß die Stele ihrer äußeren Form nach in gewisser Beziehung steht zu einigen hieroglyphischen Denkmälern Nordsyriens, hat allerdings kürzlich Przeworski, OLZ 1928, Sp. 233ff. gezeigt.

3. Das Chaldische (Urartäische).

Die Chalder, wie man meist im Anschluß an Lehmann-Haupt die voridg. Bewohner Armeniens nennt, haben eine größere Zahl von Inschriften in ihrer Sprache und neuassyrischer Keilschrift hinterlassen; diese gehören dem 9., 8. und 7. Jahrhundert v. Chr. an und berichten meist von Bauten der Könige, doch auch von historischen Dingen. Da sich zwei chaldisch-assyrische Bilinguen, die Kelišinstele und die von Topzauä, darunter befinden, so sind die Aussichten auf ihre Deutung nicht gering. Die ersten Funde chaldischer Inschriften verdanken wir dem deutschen Forscher Fr. Ed. Schulz, der in den Jahren 1828 und 1829 das Land bereiste und 42 Inschriften sammelte. Leider wurde er 1829 von räuberischen Kurden ermordet, und nach seinem Tode setzte niemand seine Forschungsarbeit fort. Die Wissenschaft schien kaum Interesse für solche Dinge zu haben, selbst eine nachgelassene Abhandlung von Schulz über seine Funde wurde erst 1840 im Journal Asiatique, 3. série, vol. 9, Nr. 52 veröffentlicht. Nur durch Zufall wurden eine Anzahl neuer Inschriftenfunde gemacht. Erst gegen Ende des 19. Jahrhunderts nahm sich Sayce dieser Texte an und veranstaltete eine Ausgabe der bis dahin bekannten 56 Inschriften im JRAS 1882, S. 377—732; Nachträge dazu ebd. 1888, S. 1—48; 1893, S. 1—39; 1894, S. 691—732; 1901, S. 645—660; 1906, S. 611—653; 1912, S. 107—112; 1929, S. 297—336. Obwohl dieser Arbeit die bekannten Fehler Sayces, vor allem seine Ungenauigkeit und phantastische Deutung, anhaften, bot sie doch eine Grundlage für weitere Forschung; denn sie enthält nicht nur eine Sammlung aller bis dahin bekannten Inschriften, sondern auch Syllabar, Grammatik und Glossar. Beiträge zur Erklärung lieferte auch St. Guyard im Journal Asiatique VIII, 1 (1883), S. 261—265, 517—523; VIII, 3 (1884), S. 499—517, vor allem aber ist auf die Bearbeitung einer neugefundenen Inschrift durch J. Wünsch und D. H. Müller in den Denkschriften der Wiener Akademie Band 36 (1886), 2. Abt. S. 1ff. zu verweisen, deren sprachliche Untersuchungen einen wesentlichen Fortschritt im Verständnis bedeuten.

Einen ganz neuen Anstoß erhielt die Forschung, als im Jahre 1891 der im Kaukasus beschäftigte deutsche Chemiker W. Belck bei völkerkundlichen Forschungen 22 neue chaldische Inschriften, darunter eine inhaltlich wichtige Stele des Königs Rusas (8. Jahrhundert v. Chr.), entdeckte. Ein Teil dieser Inschriften wurde von Belck und C. F. Lehmann-Haupt in der Zeitschrift für Ethnologie 24 (1892), S. 122—152 veröffentlicht (vgl. auch ebd. S. [477]—[488]; ferner ZA 7 [1892], S. 255—267, 9 [1894], S. 82 bis 99, 339—360); ein wichtiger Punkt dieser Studien war, daß es Lehmann-Haupt gelang, den Inhalt der Rusasstele zu erschließen. Die dabei gewonnenen Aufschlüsse führten Belck und Lehmann-Haupt zu dem Entschlusse, das ganze chaldische Gebiet noch einmal gemeinsam zu durchforschen. Diese von Mai 1898 bis Ende 1899 durchgeführte Forschungsreise hatte einen unerwartet guten Erfolg: es gelang nicht nur, fast alle schon bekannten Inschriften zu kollationieren und so wertvolle Verbesserungen der Lesungen zu erzielen, sondern vor allem wurde mehr als das Doppelte an neuen Inschriften dazugefunden[1]). Diese großen Funde werden die Hauptgrundlage für das von Lehmann-Haupt in Angriff genommene Corpus Inscriptionum Chaldicarum bilden; nach ihnen ist bisher nicht allzu viel Neues dazu gefunden worden. Das Erscheinen des Corpus, das durch den Krieg und andere widrige Umstände jahrzehntelang ver-

[1]) Vgl. die Berichte Lehmann-Haupts in WZKM 14 (1900), S. 1—46; SPAW 1899, S. 116—120. 745—749; 1900, S. 619—633, sowie in dem Hauptwerke „Armenien einst und jetzt", 1. Bd. 1910, 2. Bd., 1. Hälfte 1926.

zögert worden ist, hat vor einigen Jahren begonnen[1]); es bleibt nur zu hoffen, daß die finanziellen Verhältnisse einen baldigen Abschluß gestatten, damit man nicht fernerhin teils auf die unkritischen Ausgaben der Texte von Sayce, teils auf schwer erreichbare, in den verschiedensten Zeitschriften verstreute, Publikationen angewiesen ist[2]).

Der jahrzehntelange Mangel einer kritischen Textausgabe wirkte ungünstig auch auf die Erforschung der chaldischen Sprache. Wohl hat namentlich Lehmann-Haupt, ferner dessen Mitarbeiter Belck sowie Nikolsky, Marr, Tseretheli u. a. in ihren Textbearbeitungen eine Reihe wertvoller Einzelbemerkungen auch zur chaldischen Grammatik beigetragen, aber selbst über die einfachsten Fragen der rein beschreibenden Grammatik herrscht heute noch ziemliche Unklarheit. In neuester Zeit hat Götze durch eine eingehende Behandlung der Kelišinstele, der einen chaldisch-assyrischen Bilinguis, das Verständnis dieses grundlegenden Sprachdenkmals bedeutend gefördert (ZA N. F. 5, S. 99—129, vgl. dazu auch Lehmann-Haupt, Klio 24, S. 148 bis 163 und Ebeling, Archiv f. Orientforsch. 6 S. 225ff.) und J. Friedrich hat sich um die Aufhellung einiger Einzelfragen der chaldischen Grammatik bemüht (Caucasica 7, S. 53—86); aber auch diese Arbeiten bedeuten erst einen Anfang auf dem wenig begangenen Gebiete. Erst recht unklar sind unter solchen Verhältnissen noch die Verwandtschaftsverhältnisse der Sprache. Nahe liegt naturgemäß der Gedanke an Verwandtschaft mit den kaukasischen Sprachen. Aber neben manchen kaukasisch anmutenden Zügen wie der im Chaldischen vielleicht, wenn auch nicht sicher, nachweisbaren passivischen Verbalauffassung steht doch wieder sehr viel Fremdartiges; z. B. ist der Formenbau des chaldischen Verbums vollkommen unkaukasisch. Th. Kluges Versuch, die Sprache nicht nur als kaukasisch zu erweisen, sondern ihr innerhalb dieses Sprachgebietes auch eine bestimmte Stellung

[1]) Corpus Inscriptionum Chaldicarum, in Verbindung mit F. Bagel und F. Schachermeyr herausgegeben von C. F. Lehmann-Haupt. Berlin und Leipzig (de Gruyter) 1928; bisher je 1 Lieferung von Textband und Tafelband.

[2]) Ein vorläufiges Verzeichnis der chaldischen Texte mit Angabe ihrer bisherigen Veröffentlichung in Lieferung 1 des Textbandes des Corpus S. I—III.

zuzuteilen[1]), muß ebenso als verfrüht gelten wie die neuerdings von Meščaninov, Archiv f. Orientforsch. 6 S. 211ff. geäußerten Vermutungen. Eher scheint es erwägenswert, mit Lehmann-Haupt (Zeitschrift f. Ethnol. 24 [1892] S. 130 und SPAW 1900 S. 632f.) und Fr. Hommel, Ethnologie und Geographie des Alten Orients (Handbuch der Altertumswissenschaft. 3. Abt., 1. Teil, 1. Band, München 1926, S. 38f.) an Verwandtschaft mit dem Mitanni zu denken, das ja als Churrisch der Vorgänger des Chaldischen in Armenien ist. Freilich ist die Frage noch keineswegs genauer untersucht; Lehmann-Haupt und Hommel können sich nur auf ein paar Gleichklänge berufen, von denen etwa chald. *euri* „Herr" neben mit. *iwri* „Herrscher", chald. *ar(u)-* „geben" neben mit. *ar-* „geben", zur Not vielleicht auch chald. *sila*, wenn es wirklich „Tochter" heißt, neben mit. *šala-* „Tochter" erwägenswert sind. Gerade im Interesse der subaräischen Forschung wie nicht minder des Armenischen, dessen voridg. Substrat ja das Chaldische ist, wäre eine Aufhellung des Chaldischen sehr erwünscht.

4. Das Eteokyprische.

Die eigentümliche Silbenschrift, in der die kyprisch-griechischen Inschriften verfaßt sind und die für die griechische Sprache so ungeeignet ist wie nur möglich, ließ sehr bald die Vermutung aufkommen, diese Schrift sei eigentlich für eine Sprache von ganz anderem lautlichen Charakter, und zwar wahrscheinlich für die Sprache der Urbevölkerung von Kypros, berechnet gewesen. Diese Vermutung fand ihre Bestätigung: 1910 entdeckte R. Meister im Ashmolean Museum zu Oxford zwei Inschriften in derselben Schrift, aber fremder Sprache, die er in den SPAW 1911, S. 166—169 veröffentlichte. Bald konnte Vendryes, MSL 18, S. 271—280 noch zwei kurze und zwei längere Inschriften gleicher Art, sämtlich im Louvre befindlich, hinzufügen, eine weitere teilte E. Sittig, 'Εφημερὶς ἀρχαιολογική 1914, S. 1ff.

[1]) Studien zur vgl. Sprachwissenschaft der kaukasischen Sprachen. I. Die Sprache der urartäischen Inschriften und ihre Stellung im kaukasischen Sprachkreise (MVAG 1907, Heft 5).

mit. Neuerdings hat Sittig noch einmal alles bisher vorhandene Material (insgesamt 8 Inschriften) in KZ 52 [1924], S. 194—202 bequem zusammengestellt, einige Nachträge gab Bork in der sofort zu nennenden Schrift[1]). Besonders interessant ist Nr. 5 dieser Sammlung, eine eteokyprisch-griechische Bilinguis aus Amathus; das Griechische im gemeingriechischen Alphabet gestattet die Datierung ins 4. Jahrhundert v. Chr. Das Eteokyprische steht an erster Stelle, war also wohl die offizielle Sprache von Amathus noch in dieser Zeit. Da beide Versionen nicht wörtlich zueinander stimmen (der griechische Text ist bedeutend kürzer), so läßt sich die Bilinguis nur mit größter Vorsicht zur Entzifferung des Eteokyprischen verwenden. Einen anerkennenswerten Versuch, gerade mit Hilfe dieser Bilinguis in die Sprache einzudringen, hat ganz neuerdings Bork gemacht[2]). Die Arbeit enthält eine Reihe beachtlicher Vermutungen, doch bringt es der geringe Umfang des Sprachstoffes notgedrungen mit sich, daß man über Vermutungen nicht hinauskommt und das meiste zweifelhaft bleibt. Borks Arbeit ist vorläufig der einzige Versuch, in das Sprachganze eine Bresche zu schlagen[3]); wirkliche Aussicht auf Erfolg dürfte vor Auffindung zahlreicherer Texte und vor allem besser verwendbarer Bilinguen kaum vorhanden sein. Ebenso gewagt ist es vorläufig, über die Verwandtschaftsverhältnisse des Eteokyprischen eine Vermutung zu äußern; Bork glaubt unter Vorbehalt einige Beziehungen zum Lykischen und Elamischen zu erkennen.

5. Das Karische.

Etwa 75 ganz kurze, fast nur Namen enthaltende, karische Inschriften hat Sayce Transact. of the Soc. of Bibl. Arch. IX, S. 116f.; Proc. of the Soc. of Bibl. Arch. XVII (1895), S. 39—43 und S. 207, XXVII (1905), S. 123f., XXVIII (1906), S. 172f.,

[1]) Vgl. auch Oberhummer in Paulys Real-Enzyklopädie, 23. Halbband (1924), Sp. 89—91.

[2]) Die Sprache von Alasija (= Mitteilungen der Altorientalischen Gesellschaft V 1), Leipzig 1930.

[3]) Ein paar Vorschläge zur Deutung einzelner Wörter auch schon bei Kretschmer, Glotta 5 (1914), S. 260f. und in Sittigs letztgenannter Arbeit.

XXX (1908), S. 28f. gesammelt; sie stammen zum größten Teil nicht aus Karien selbst, sondern aus Ägypten und rühren von karischen Söldnern der Pharaonen etwa des 7. Jahrhunderts v. Chr. her. Die karischen Glossen bei antiken Schriftstellern hat P. de Lagarde Ges. Abh. S. 267ff. und vollständiger Sayce Transact. of the Soc. of Bibl. Arch. IX, S. 116—120 zusammengestellt, eine Reihe karischer Namen findet man bei Sayce ebd. S. 121f. und bei Sundwall, Die einheimischen Namen der Lykier passim. Die Deutung der Inschriften und die Bestimmung der Sprachverwandtschaft des Karischen bietet nicht bessere Aussichten als beim Eteokyprischen, zumal da auch die Lesung der Schrift noch manche Rätsel aufgibt. Die seinerzeit von de Lagarde vertretene Annahme, das Karische sei ebenso wie andere kleinasiatische Sprachen iranisch, bedarf heute ebenso wenig mehr einer Widerlegung wie Georg Meyers Versuch (BB 10, S. 147ff.), aus den Eigennamen auf Grund ganz unbewiesener Etymologien die Sprache als idg. zu erweisen. Kretschmer nimmt (Einl. S. 379ff.) Verwandtschaft mit dem nichtidg. Lykischen auf Grund des beiden Sprachen gemeinsamen Genetivsuffixes *-he* (von Kretschmer *-hä* gelesen) an. Diese Ansicht teilt Sundwall, Klio 11 (1911), S. 464ff. und stellt einen karischen Gen. Sing. auf *-aϰ, -eϰ, -äϰ, -oϰ, -eϰhe, -oϰhe, -aϰϰhe* usw. auf. Den Texten selbst beizukommen hat sich ganz neuerdings wiederum Bork bemüht. Veröffentlicht hat er bisher einen Artikel „Die Schrift der Karer“ im Archiv für Schreib- und Buchwesen 4 (1930), S. 18—30, doch sind weitere Aufsätze, in denen er sich an der sprachlichen Deutung versucht, in Vorbereitung. Darnach soll das Karische mit dem Elamischen näher verwandt, jedoch auch ein mitannischer Einschlag vorhanden sein. Auch diesen Vermutungen gegenüber ist vorläufig noch die größte Zurückhaltung geboten.

6. Das Lykische.

Das Lykische ist die einzige kleinasiatische Sprache, von der schon seit mehr als einem Jahrhundert Texte bekannt sind; man kann also bereits von einer Geschichte der Forschung reden, deren Ergebnisse freilich nicht allzu befriedigend sind.

a) Material.

Die ersten lykischen Inschriften wurden 1811 von dem Österreicher J. v. Hammer[1]) und 1812 von dem Engländer Ch. Cockerell[2]) nach Europa gebracht; diese im ganzen sieben Inschriften blieben auf Jahrzehnte die einzigen in Europa bekannten. Erst am Ende der dreißiger und in den vierziger Jahren wurde das Material vermehrt durch Funde von Fellows und Sharpe[3]) sowie weiterhin durch Daniell, Spratt und Forbes[4]), die 31 neue Inschriften kopierten. Der wichtigste in diesen Jahren gefundene Text ist die große Xanthos-Stele, bis heute das umfangreichste lykische Sprachdenkmal. Nachdem A. Schönborn von zwei Kleinasien-Reisen 1841—1842 und 1851 neue Inschriften sowie genauere Abschriften der schon bekannten heimgebracht hatte, konnte es Moritz Schmidt wagen, die erste Sammlung der lykischen Inschriften herzustellen (The Lycian Incriptions after the accurate copies of the late Augustus Schönborn, Jena 1868).

Eine bedeutende Vermehrung des Materials brachten österreichische Forschungsreisen in Lykien unter der Leitung von Benndorf und Niemann 1884 sowie Petersen und von Luschan 1889 (Reisen im südwestlichen Kleinasien. I. Benndorf und Niemann, Reisen in Lykien und Karien. 1884. II. Petersen und von Luschan, Reisen in Lykien, Milyas und Kibyratis. 1889). Die Zahl der bekannten Inschriften stieg damit auf etwa 100 und wurde noch weiter vermehrt durch abermalige Bereisung Lykiens von Heberdey und Kalinka. Nun war der Boden bereitet für die endgültige Gesamtausgabe der lykischen Inschriften, die den ersten Band des großen, von der Wiener Akademie herausgegebenen, ganz Kleinasien umfassenden Inschriftenwerkes bildet (Tituli Asiae Minoris. Vol. I: Tituli Lyciae lingua Lycia con-

[1]) J. von Hammer, Topographische Ansichten, gesammelt auf einer Reise in der Levante. 1811.

[2]) Veröffentlicht von R. Walpole, Travels in various countries of the East. London 1820.

[3]) Ch. Fellows, An account of discoveries in Lycia. London 1841.

[4]) Spratt and Forbes, Travels in Lycia, Milyas and the Cibyratis in company with the late Rev. E. T. Daniell. London 1847.

scripti, enarravit E. Kalinka, Wien 1901; Abk. TL). Durch diese Sammlung, die 150 Inschriften enthält, sind die älteren Einzelveröffentlichungen überholt.

Für die Erforschung der Sprache geben die Texte selbst nicht allzu viele Anhaltspunkte. Vor allem ist deren Inhalt ziemlich eintönig; fast alle sind Grabinschriften, die sich mit geringen Ausnahmen immer in denselben Gedankengängen bewegen. Einige enthalten neben dem lykischen auch einen griechischen Text, doch ist der Nutzen dieser Bilinguen nicht zu groß, da der griechische Text mit dem entsprechenden lykischen nur in seltenen Fällen wörtlich übereinstimmt (wie TL 117), vielmehr dessen Sinn meist nur frei wiedergibt (z. B. TL 6) oder gelegentlich auch ganz von ihm abweicht (so sind bei TL 5, 7, 8, 10 die griechischen und lykischen Texte ohne gegenseitige Beziehung und die griechischen Inschriften teilweise um Jahrhunderte jünger). Immerhin hat man den Bilinguen wenigstens einiges, namentlich in lexikalischer Beziehung, entnehmen können, so die Verwandtschaftsbezeichnungen *tideimi* = υἱός, *cbatra* = θυγάτηρ, *lada* = γυνή, *tuhes* = ἀδελφιδοῦς, usw. oder den häufigen Inschriftenanfang *ebẽñnẽ ñtatã* (oder *ebẽñnẽ kupã* u. a.) *me ti prñnawatẽ NN.* = τὸ μνῆμα τόδε ἐποιήσατο *NN.* u. dgl. Der wichtigste der aus dem gewöhnlichen Schema herausfallenden Texte ist die Stele von Xanthos, das weitaus umfangreichste lykische Sprachdenkmal überhaupt. Der Wert dieses Denkmals für die Erforschung der Sprache wird aber herabgesetzt durch das Fehlen einer griechischen Übersetzung[1]) sowie dadurch, daß ein großer Teil des Textes in einer dialektisch ziemlich stark abweichenden, wohl altertümlicheren Sprachform abgefaßt ist. Daher muß der große Text trotz verschiedener Übersetzungen, die namentlich in älterer Zeit unter der Voraussetzung iranischer Herkunft der Sprache gewagt worden sind, in der Hauptsache auch heute noch als unverständlich gelten. Überhaupt entsprechen die sicheren Ergebnisse der lykischen Sprachforschung weder der auf sie verwendeten Mühe noch der Länge der Zeit seit Bekanntwerden der Inschriften.

[1]) Zwölf griechische Hexameter auf der Stele spielen zwar auf die gleichen Ereignisse an wie der lykische Text, sind jedoch keine direkte Übersetzung.

b) Geschichte der Forschung[1]).

Die lykische Forschung ist mit der Indogermanistik enger verknüpft als die der anderen kleinasiatischen Sprachen, denn schon den ersten Forschern galt das Lykische als eine idg. Sprache, und diese Auffassung zählt bis in die Gegenwart Vertreter. Für die alten Forscher war freilich die Problemstellung auch viel einfacher als für uns: Die Entdeckung der idg. Sprachgemeinschaft war noch neu und die Zahl der zu ihr gehörigen Sprachen noch nicht fest umrissen (hielt doch Bopp bei seinen späteren Forschungen auch die südkaukasischen und die malaiisch-polynesischen Sprachen für idg.); von der Existenz einer besonderen kleinasiatischen Völker- und Sprachengruppe vollends hatte man überhaupt noch keine Ahnung. So war die Annahme, man habe im Lykischen eine neue idg. Sprache gefunden, nicht nur unbedenklich, sondern bei den mancherlei bis heute auffälligen Anklängen des Lykischen an Indogermanisches geradezu selbstverständlich. Im indogermanistischen Sinne äußerten sich denn auch Grotefend, der erste Entzifferer der altpersischen Keilschrift[2]), der ebenso wie Sharpe[3]) das Lykische für einen iranischen Dialekt hielt, und später Lassen[4]), der nähere Verwandtschaft mit dem Iranischen ablehnte, dagegen nahe Berührungen mit dem Griechischen festzustellen meinte. Während Chodzko[5]) in ganz dilettantischer Weise Verwandtschaft zwischen Lykisch und Slavisch annahm, hielt Blau[6]) in einem ebenfalls ganz mißlungenen Versuche die Lykier für die Vorfahren der Illyrer und zog daher das Albanische zur Erklärung der lykischen Inschriften heran. Der bekannte Sprachforscher

---

[1]) Eine vollständige Bibliographie bis 1900 gibt Kalinka, TL S. 1f., einen Nachtrag dazu Bork, Skizze des Lükischen S. 5.

[2]) Transactions of the Royal Asiatic Soc. 3 (1835), S. 317—331. — Zeitschr. f. d. Kunde des Morgenlandes 4 (1842), S. 281—301.

[3]) A communication to the author, on the Lycian inscriptions (in: An account of discoveries in Lycia, being a journal kept during a second excursion in Asia Minor by Ch. Fellows. London 1841, S. 427—520).

[4]) ZDMG 10 (1856), S. 329—388.

[5]) Notes et essais sur les inscriptions lyciennes (in: Les Slaves . . . par A. Mickiewicz, Paris 1849, S. 505—548).

[6]) ZDMG 17 (1863), S. 649—672.

Friedrich Müller endlich trat wieder für iranischen Ursprung ein[1]).

Einen wesentlichen Fortschritt aus dem Irrgarten dilettantischen Ratens heraus gewann die Forschung erst durch die schon erwähnte Sammlung der lykischen Inschriften von Moritz Schmidt (1868), war doch damit wenigstens eine Grundlage für die Lesung gegeben. Auch an der Bestimmung der Lautwerte der lykischen Schriftzeichen, auf die seine Vorgänger wenig Wert gelegt hatten, hat Schmidt in methodisch einwandfreier Weise gearbeitet und zum ersten Male Dauerndes geschaffen[2]). Freilich, die idg. und zwar speziell iranische Herkunft der Sprache ist auch für ihn über jeden Zweifel erhaben. Die Arbeit Schmidts wurde in viel weniger methodischer Weise fortgesetzt von J. Savelsberg[3]), doch hat auch er eine Reihe brauchbarer Ergebnisse gewonnen, namentlich in der Bestimmung von Wortbedeutungen und in der Ergänzung fragmentarischer Texte. Savelsberg sah im Lykischen ein Bindeglied zwischen dem Iranischen und dem Griechisch-Italischen.

Wirklich festen Boden aber erhielt die Forschung erst durch die österreichischen Forschungsreisen der achtziger Jahre, die eine bedeutende Vermehrung des Materials und bessere Lesung der schon bekannten Inschriften brachten. Die Folge war denn auch eine kräftige Belebung der lykischen Studien; zugleich setzte nun endlich eine strengere Forschungsmethode ein, die gekennzeichnet ist durch das Streben, unter Ausschaltung des idg. Etymologisierens die Sprache aus sich selbst heraus zu deuten. Nur W. Deecke, der in der etruskischen Forschung durch sein plötzliches Umschwenken von der durch ihn selbst begründeten kombinatorischen zur indogermanistisch-etymologisierenden Methode bekannt ist, hielt auch beim Lykischen an

---

[1]) Orient und Occident 2 (1864), S. 739ff.; Beiträge z. vgl. Sprachforsch. 3 (1863), S. 216ff.

[2]) Beitr. z. vgl. Sprachf. 5 (1868), S. 257—305, 477ff.; vgl. auch Ders. und W. Pertsch, Neue lyk. Studien, 1869; Ders., KZ 25 (1879), S. 441ff.; Ders., Jenaer Vorlesungsverz. Sommer 1881.

[3]) Beiträge zur Entzifferung der lykischen Sprachdenkmäler, Bonn I 1874, II 1878.

der indogermanisierenden Erklärungsweise fest[1]), und zog für die Deutung hauptsächlich das Griechische heran. Der Feststellung der Laute legte er ähnlich den ersten Entzifferern nur wenig Wert bei. Trotz dieser Schwäche fand Deecke bei einer Anzahl von Gelehrten Zustimmung. Gegen ihn äußerte sich sein alter Gegner auf etruskologischem Gebiete, C. Pauli; in seiner „Vorgriechischen Inschrift von Lemnos" (I 1886, II 1894) widerlegte er mehrere Aufstellungen Deeckes und sprach sich vielmehr für nicht idg. Ursprung des Lykischen und Verwandtschaft mit Etruskisch, Pelasgisch, Lydisch und Karisch aus. Meines Wissens ist das das erste Mal, daß der bisher über dem Lykischen lastende Bann indogermanischer Betrachtungsweise gebrochen wird.

Für die Vertreter der kombinatorischen Methode war im Gegensatz zu Deecke zunächst die richtige Bestimmung der Lautwerte die Hauptsache. Die kombinatorische Richtung wurde besonders von Six, Arkwright und Imbert gepflegt. Das Hauptverdienst von Six besteht in einer eingehenden Durchforschung der lykischen Münzen[2]), der man die genauere Feststellung einer Anzahl bis dahin strittiger Lautwerte verdankt. Auf einem anderen Wege bemühte sich Arkwright um die Gewinnung der Lautwerte[3]); er untersuchte die Wiedergabe griechischer Namen in den lykischen Inschriften und die Darstellung lykischer Namen im Griechischen und zog aus den dabei zu beobachtenden Diskrepanzen Schlüsse auf die Aussprache. In Babylonian and Oriental Record 5 (1891), S. 53 glaubt er Spuren von Vokalharmonie im Lykischen festzustellen und folgert daraus, daß die Sprache nicht idg. sei. Besonders eingehend hat sich Imbert um das Lykische bemüht[4]). Nachdem er sich zunächst in einigen kritischen Artikeln mit den Arbeiten seiner Vorgänger

[1]) BB 12 (1887), S. 124ff., 315ff.; 13 (1888), S. 132ff., 258ff.; 14 (1889), S. 181ff. BphW 1888, S. 827f.

[2]) Revue Numismatique, 3. série, tome 4 (1886), S. 101ff., 141ff., 421ff.; 3. série, tome 5 (1887), S. 1ff.

[3]) The Babylonian and Oriental Record 4 (1890), S. 176ff.; 5 (1891), S. 49ff., 185ff.

[4]) Zahlreiche Artikel in The Bab. and Or. Rec. 2, S. 210ff., 279ff.; 3, S. 252ff.; 5, S. 105ff.; 6, S. 185ff.; 7, S. 87ff., 161ff., 267ff., in Le Muséon 8 (1889), S. 132ff., 319ff., 419ff., 617ff.; 9 (1890), S. 484ff., 584ff.; 10 (1891), S. 261ff.; 12 (1893), S. 235ff., in den MSL 8 (1894), S. 449ff.;

auseinandergesetzt hatte, stellte er Untersuchungen über Lautwerte an, gab Interpretationen der kürzeren Inschriften, historische Artikel usw. Auch Imbert sieht nicht nur von indogermanischem Etymologisieren im Lykischen ab, sondern hält die Sprache überhaupt nicht für idg. Daß die indogermanisierende Richtung trotzdem fortbestand, ist bei der Vorgeschichte der lykischen Forschung nicht verwunderlich. Conder verstieg sich sogar zu der Hypothese[1]), daß das Lykische nicht nur mit dem Iranischen und Griechischen, sondern auch mit dem Chaldischen verwandt sei, daß also sowohl Lykisch wie Chaldisch idg. seien.

Erst Kretschmers Einleitung in die Gesch. der griech. Sprache bedeutet einen Markstein auch für die lykische Forschung. Durch den Nachweis einer besonderen, nicht idg., „kleinasiatischen“ Sprachgruppe war die Voraussetzung, es könne sich bei den Lykiern überhaupt um nichts anderes handeln als um ein idg. Volk, endgültig ins Wanken geraten; Kretschmer zeigte aber auch weiter (S. 370—376), wie den paar idg. Anklängen im Lykischen zahlreiche schwerwiegende Abweichungen in Lautlehre, Formenbau und Wortschatz gegenüberstehen, im Anschluß an Arkwright und Imbert spricht sich daher Kretschmer entschieden für nicht idg., sondern kleinasiatische Abstammung der Sprache aus.

Eine neue Blüte der lykischen Forschung führten um die Jahrhundertwende die nordischen Gelehrten Bugge, Torp, Thomsen und H. Pedersen herauf. Diese Periode ist charakterisiert durch eingehende Einzeluntersuchungen über Wortbedeutungen, grammatische Formen usw. Das bei Arkwright und Imbert vorherrschende Streben nach Deutung der Sprache aus sich heraus gilt ganz streng nur für Thomsen, einigermaßen konsequent auch für Torp, während Bugge wieder in idg. Etymologisieren verfällt. Wohl verdienen besonders S. Bugges[2]) lexikalische Untersuchungen Anerkennung, aber seine Ansicht,

9 (1895), S. 192ff.; 10 (1896), S. 24ff., 207ff.; 11 (1900), S. 217ff.; 19 (1916) S. 323ff. und anderwärts.

[1]) JRAS 1891, S. 607—686.

[2]) Lykische Studien I (Videnskabs-Selskabets Skrifter, Christiania, hist.-filos. Kl. 1897, Nr. 7); II (ebd. 1901, Nr. 4); ferner in Festschrift f. O. Benndorf (1898), S. 231ff. sowie IF 10 (1899), S. 59ff.

das Lykische sei mit dem Armenischen verwandt, übt beherrschenden Einfluß auf den Gang seiner Forschungen; er nimmt nämlich oft einen lykisch-armenischen Gleichklang zum Ausgangspunkt, um die Bedeutung des betreffenden lykischen Wortes zu bestimmen. So kann man Bugges Arbeiten nur mit Vorsicht verwenden, trotzdem hat er z. B. bei H. Pedersen durchaus Beifall gefunden (Nordisk Tidskrift for Filologi, 3. Raekke 7 [1898], S. 68—103; 8 [1899/1900], S. 17—30).

Eine strengere Methode befolgt A. Torp[1]). Freilich hält auch er im innersten Herzen das Lykische für idg., aber er bemüht sich doch wenigstens, die idg. Anklänge bei seinen Untersuchungen auszuschalten. Inwieweit ihm dieses Bemühen gelingt, läßt sich schwer beurteilen, da z. B. die lexikalische Forschung des Lykischen wegen der Mangelhaftigkeit des Materials nur in den seltensten Fällen zu so sicheren Ergebnissen gelangen kann wie etwa die des Hethitischen. Ganz kann man sich auch bei Torp des Eindrucks nicht erwehren, daß bisweilen idg. Anklänge von Einfluß auf seine Deutung sind[2]). Immerhin sind Torps lykische Arbeiten wenigstens verhältnismäßig wenig indogermanistisch beeinflußt.

Das methodisch Beste aber, was auf lykischem Gebiete geleistet worden ist, sind V. Thomsens Études lyciennes (Oversigt over det Kongelige Danske Videnskabernes Selskabs Forhandlinger 1899, S. 1—77), ein Musterbeispiel strengster kombinatorischer Methode ohne jeden etymologischen Seitenblick nach dem Idg. oder anderen Sprachen; es bleibt nur zu bedauern, daß Thomsen diese Untersuchungen nicht fortgesetzt hat. Die Arbeit beschäftigt sich besonders mit den lykischen Pronomina und untersucht zunächst die Stellung des von Torp erkannten Relativpronomens *ti* im Satze, anschließend die satzverbindende Partikel *me* „und so denn“ (oft im Sinne von „damit“), die Thomsens Vorgänger meist für ein Demonstrativpronomen gehalten hatten, sowie die zusammengesetzten Bildungen *meti* und *mene*, die außer der Partikel *me* noch das Relativum *ti*

[1]) Lykische Beiträge I—V (Vid.-Selsk. Skr. Christ., h.-fil. Kl. 1898, Nrr. 4 und 6; 1900, Nr. 3; 1901, Nr. 3 und 5); ferner BB 26 (1901), S. 292—300.

[2]) Denselben Verdacht hat man übrigens auch oft in Torps Etruskischen Beiträgen.

bzw. den Akkusativ eines enklitischen Pronomens *-ne* enthalten. Wichtig ist auch das im Zusammenhang damit von Thomsen formulierte Wortstellungsgesetz, daß bei satzeinleitendem Objekt, der gewöhnlichen Wortstellung, *me* dazu dient, das folgende Verb anzuknüpfen, das dann die Endung *-tẽ* des „Praeteritum consecutivum" zeigt, während bei der selteneren Wortstellung Subjekt — Verb — Objekt *me* fehlt und das Verbum die Endung *-te* des gewöhnlichen Praeteritums trägt.

Eine Anzahl trefflicher Beobachtungen zum Lykischen, ganz im Sinne Thomsens auf rein kombinatorischer Grundlage, hat auch Holger Pedersen, KZ 37 (N. F. 17, 1904), S. 189—207 geliefert. Auch hier ist nur zu bedauern, daß dieser Forscher, dessen Interesse für das alte Kleinasien auch jetzt noch lebendig ist (vgl. Litteris 5 [1928], S. 156ff.), nur diesen kurzen Artikel der Forschung mitgeteilt hat.

Die Hoffnung, daß mit dem Erscheinen der Wiener Inschriftensammlung die lykische Forschung einen neuen Antrieb erhalten würde, hat sich nicht erfüllt; im Gegenteil, die Studien brechen jetzt ganz plötzlich ab, ohne einen nennenswerten Fortschritt zu erzielen. Wohl suchte Th. Kluge der nichtidg. Betrachtungsweise eine bestimmte Richtung zu geben, indem er auf Grund von Vokalismus, Formenelementen und Syntax für Verwandtschaft mit kaukasischen Sprachen eintrat (Le Muséon N. S. 10 [1909], S. 155—174, 331—386; MVAG 1910, Heft 1), aber seine Ausführungen entbehren der vollen Überzeugungskraft. Die Interpretation der Texte vollends hat durch ihn kaum Fortschritte gemacht, im Gegenteil muß man die Übersetzungen in seiner zweiten Arbeit mit Mißtrauen betrachten. Auch zwei Artikel von F. Hestermann (OLZ 1916, Sp. 230ff.; Le Monde Oriental 10 [1916], S. 192—237) führen kaum weiter.

Neuerdings hat F. Bork die kaukasische Deutung des Lykischen wieder aufgenommen, zunächst nebenbei in einem Artikel über die sprachliche Einreihung des Sumerischen (OLZ 1924, Sp. 169ff., besonders Sp. 171ff.), ausführlicher in seiner „Skizze des Lükischen", Königsberg-Leipzig 1926. Borks Arbeit bedeutet einen radikalen Umsturz der gesamten bisher geltenden Auffassung, sowohl im Lautlichen, wo Bork vor allem auch eine von Grund aus andere Transkription einführt, wie in der Deutung der formalen Bildungselemente. Anerkennung verdienen seine lautlichen Untersuchungen; ob er freilich immer von der vorgefaßten Meinung, das lykische Lautsystem müsse kaukasisch sein, freibleibt, lasse ich dahingestellt. Die Beurteilung seiner Auffassung der Formelemente hat Bork sehr erschwert durch die dogmatische Art seiner Darstellung; eine Beweisführung für die Deutung der einzelnen Bildungselemente nach Art von Torps „Lykischen Beiträgen" und nach der im Hethitischen üblich gewordenen Methode wäre dringend erwünscht gewesen, freilich hätte sie den Rahmen einer „Skizze" bei weitem überschritten. So läßt sich denn heute auch noch nicht sagen, ob Borks Auffassung im ganzen Bestand haben wird.

Dagegen zeigen die in den letzten Jahren erschienenen lykischen Arbeiten von Meriggi[1]) das erfreuliche Bestreben, mit der von Thomsen und Pedersen so verheißungsvoll begonnenen rein kombinatorischen Methode weiterzukommen. Wohl neigt auch Meriggi zu der Annahme, daß das Lykische idg. oder wenigstens idg. beeinflußt sei, aber diese Auffassung ist bei ihm nie wie bei manchen seiner Vorgänger das Primäre, für die Methode Richtunggebende, sondern stets nur nachträgliche und für den Gang der Forschung nebensächliche Erkenntnis. Das ist derselbe Geist, der auch in der hethitischen Forschung herrscht, und der einzige, der dauernde Ergebnisse verspricht.

c) Verwandtschaftsverhältnisse.

Die Hauptfrage, die auch den Indogermanisten in erster Linie interessiert, ob das Lykische idg. oder kaukasisch ist, harrt noch immer der Lösung. Eine kritisch abwägende und durchaus unparteiische Gegenüberstellung beider Anschauungen gibt G. Deeters im Artikel Lykia. VII. Sprache in Paulys Real-Enzyklopädie 26. Halbband (1927), Sp. 2282—2291, Abschnitt E (Sp. 2290f.).

---

[1]) Über einige lykische Pronominal- und Verbalformen (IF 46 [1928], S. 151—182); La declinazione del Licio (Reale Accademia Nazionale dei Lincei, Rendiconti della classe di scienze morali, storiche e filologiche, serie VI, vol. IV [1929], S. 410—450); Beiträge zur lykischen Syntax (KlF 1 [1930], S. 414—461).

Für idg. Charakter ließen sich zunächst eine Anzahl Verbalformen anführen, vorausgesetzt, daß sie von Imbert, Torp usw. richtig gedeutet sind[1]) (einige Beispiele bei Friedrich, Artikel „Altkleinasiatische Sprachen“ § 23 in Reallex. d. Vorgesch. 1, S. 140), ferner Kasusformen wie von *lada* „Gattin“ Acc. Sing. *ladã*, Dat. Sing. *ladi*, und endlich einige Etymologien wie *cbatru* (Acc. Sg.) „Tochter“, *ta-* „legen“, *es-* „sein (?)“, *ẽmi-* „mein (?)“, Relativum *ti* (falls, wie gr. τίς, < $*q^{u}_{\frown}is$), Negation *ne-*, *ni-* usw. Die zahlreichen fremdartig aussehenden Wörter, die diesen idg. anmutenden gegenüberstehen, wie *lada* „Gattin“, *tuhes* „Neffe“, *tideimi-* „Sohn“, *prñnawa-* ‚bauen“, *hrppi* „für“ und viele andere benutzte man früher als wichtiges Argument gegen die idg. Herkunft der Sprache. Seit man im Hethitischen eine wesentlich ältere Mischsprache mit größtenteils unidg. Wortschatz kennengelernt hat, hat dieses Argument an Gewicht verloren. Man könnte weiter an Ungnads schon o. S. 42 erwähnte, freilich sehr unsichere, Theorie anknüpfen, daß die Lykier die Nachkommen der eventuell idg. Luwier der Boghazköizeit seien, oder man könnte nach Anklängen des Lykischen an das besser bekannte Hethitische suchen. Einige hethitisch-lykische Gleichklänge sind in des Verfassers eben erwähntem Artikel Altkleinasiat. Spr. § 23 (RV I, S. 141) zusammengestellt, doch ist auf sie, wie auch Deeters a. a. O. Sp. 2290 hervorhebt, gegenüber den viel stärkeren Abweichungen nicht viel zu geben. Dieselbe Zurückhaltung ist gegenüber den lykisch-hethitischen Gleichklängen geboten, die Sturtevant Trans. Am. Phil. Ass. 59 (1928) S. 48 bis 56 behandelt. Vor allem muß ein Vergleich des Lykischen mit einer sicher idg. Sprache des alten Kleinasien, dem Phrygischen, gegen den idg. Charakter des Lykischen skeptisch stimmen, und solange wir keinen Gesamtüberblick über die lykische Flexion haben, können die paar idg. scheinenden Einzelformen, wie schon Kretschmer, Einl. S. 373 betonte, nichts beweisen.

Andererseits dürften wir von einem evidenten Nachweis kaukasischen Charakters des Lykischen noch weit entfernt sein.

---

[1]) Von Bork werden freilich sämtliche derartigen Formen ganz anders analysiert.

Das angeblich kaukasische Lautsystem könnte auch wie beim idg. Armenischen daher rühren, daß eine idg. Sprache auf eine andersartige Bevölkerung aufgepfropft ist. Ebenso wenig beweisen lexikalische Anklänge ans Kaukasische, da sich ihnen ja auch idg. Anklänge gegenüberstellen lassen. Zwei weitere kaukasische Argumente Kluges, die passivische Verbalauffassung und die auch dem Subaräischen (o. S. 46) bekannte Suffixaufnahme, würden allerdings schwer ins Gewicht fallen, aber wie Deeters, a. a. O. Sp. 2291 zeigt, stehen sie beide nur auf schwachen Füßen. Sehr schwer ist es, sich mit dem von Bork auf das Lykische angewandten Begriff der Gruppenflexion auseinanderzusetzen, den Heinrich Winkler den Grundzug des Kaukasischen genannt hat; eine Flexion im idg. Sinne fehlt dabei gänzlich, und die Satzteile werden nur durch Partikeln, die je nach Bedürfnis antreten oder fehlen können, zu Gruppen zusammengefaßt. Bevor man zu Bork entschieden Stellung nehmen kann, müßte er seine Aufstellungen in ausführlicher Darstellung begründen; vorläufig habe ich doch mit Deeters noch zu sehr den Eindruck einer ausgeprägt in grammatischen Formen flektierenden Sprache, als daß ich die Wortformen in ein so ganz willkürlich scheinendes Spiel von bald antretenden, bald fehlenden Suffixen und Affixen auflösen möchte.

Überhaupt scheint mir zur Förderung des sprachlichen Verständnisses Kleinarbeit im Sinne Thomsens und Torps, wie das Beispiel der hethitischen Forschung zeigt, dienlicher als alle noch so geistreichen Theorien. Fraglich ist allerdings, ob das karge lykische Sprachmaterial noch ein allzu weites Vordringen nach dieser Methode erlaubt.

7. Das Lydische.

Im Gegensatz zum Lykischen kann die Erforschung des Lydischen noch kaum auf eine Geschichte zurückblicken, da lydische Inschriften in etwas größerer Zahl erst in neuerer Zeit gefunden worden sind. Bis um die Jahrhundertwende beschränkte sich die Kenntnis lydischer Texte auf ein kümmerliches Fragment von fünf Buchstaben, das Wood im Jahre

1873 in Ephesus entdeckte[1]), eine kurze lydisch-griechische Bilinguis auf einer 1883 im Athenetempel in Pergamon gefundenen Säulentrommel, ein zweizeiliges Stück, das Sayce im Winter 1892/93 in Silsilis (Oberägypten) fand, einen 1896 von Haussoullier in Smyrna erworbenen, aber aus dem Kaystrostale stammenden Grabstein und einen aus zwei Namen bestehenden Text, der 1899 ins Louvre-Museum kam und wohl aus Sardes stammt. Eine Vorstellung von der lydischen Sprache konnte man sich, wie ein Blick in Kretschmers Einl. S. 384—391 zeigt, darnach noch nicht machen, ja Kretschmer mußte damals noch die Möglichkeit eines semitischen, speziell assyrischen Einflusses auf die lydische Sprache ausdrücklich abwehren. Einen gewissen Zuwachs an Texten brachten einige Inschriften, die durch J. Keil und A. von Premerstein in den Jahren 1906—1912 an verschiedenen Orten des alten Lydien gefunden wurden. Aber den Hauptfund, der eine wirklich erfolgreiche Erforschung anbahnen half, machte erst eine amerikanische Expedition in den Jahren 1910—1913 bei Grabungen in Sardes, und zwar teils in der Nekropole, teils im Bereiche des Artemistempels. Sie förderte nämlich zum ersten Male eine größere Zahl (etwa 34) nicht zu kurzer und meist gut erhaltener Inschriften zutage, meist Grabinschriften, die abgesehen von einigen poetischen ziemlich durchsichtig sind, doch auch Weihinschriften und einiges andere. Die Texte stammen, soweit sie datiert sind, aus dem 4. Jahrhundert v. Chr. Aber nicht nur die größere Reichhaltigkeit des Sprachstoffes macht diesen Fund wertvoll; die eine, acht Zeilen lydischen Text umfassende, Grabinschrift war mit einer aramäischen Übersetzung versehen und lieferte somit einen Schlüssel zum sprachlichen Verständnis, wie man ihn nicht besser wünschen konnte. Die wichtigen Inschriften wurden in Band VI des Sammelwerkes „Sardis. Publications of the American Society for the Excavation of Sardis" veröffentlicht; Part I (Leiden 1916) enthielt zunächst 15 der neugefundenen Inschriften, darunter auch die lydisch-aramäische Bilinguis, von der Hand

[1]) Zunächst als ein Fragment in unbekannter Schrift veröffentlicht von Newton, Transactions of the Soc. of Biblical Archaeology IV (1876), S. 334; als lydisch bestimmt von Sayce in Schliemanns Ilios (1880), S. 698 und Transact. of the Soc. of Bibl. Arch. VII (1882), S. 279, Nr. 2.

E. Littmanns, Part II (Leiden 1924) von W. H. Buckler nicht nur die noch fehlenden 19 Texte, sondern auch die schon von Littmann veröffentlichten nochmals in teilweise anderer Transkription sowie auch sämtliche vor den amerikanischen Ausgrabungen gefundenen Inschriften, alles in mustergiltiger Edition und versehen mit den nötigen Indices, Sammlung der lydischen Glossen und Eigennamen sowie Lichtdrucktafeln der Texte.

Den Angelpunkt der Forschung bildet natürlich die lydisch-aramäische Bilinguis (Buckler Nr. 1). Ihre Interpretation ist deshalb nicht ganz einfach, weil auch der aramäische Text eine Anzahl graphischer und sprachlicher Schwierigkeiten enthält, daher hat sie schon eine kleine Literatur ins Leben gerufen[1]). Ein gewisses Hemmnis für die Deutung bildete die Auffassung über das Verhältnis des lydischen Textes zur aramäischen Übersetzung. Während Littmann (in seiner Edition S. 24) und Lidzbarski, ZA 31 (1917/18), S. 122 im wesentlichen wörtliche Übereinstimmung beider Texte mit einigen Diskrepanzen annahmen, glaubten Cook, JHSt 37 (1917), S. 78f. und Torrey, AJSL 34 (1918), S. 189 starke gegenseitige Abweichungen zu erkennen; je nach dieser Verschiedenheit der Auffassung wird naturgemäß der lydische Text verschieden gedeutet. Erst die letzte eingehende Behandlung der Bilinguis durch Kahle und Sommer, KlF 1 (1927), S. 18—86 hat den m. E. vollkommen überzeugenden Nachweis geliefert, daß beide Versionen so gut wie völlig wörtlich übereinstimmen. Infolge dieser wichtigen Erkenntnis sind auch einige lydische Formen anders zu beurteilen, als das bisher geschehen ist; Kahle-Sommers Bearbeitung bildet so den festen Ausgangspunkt auch für die Interpretation der einsprachig-lydischen Inschriften. An dieser Aufgabe hat sich freilich bisher in methodisch einwandfreier Weise erst W. Brandenstein (WZKM 36 [1929], S. 263—304) versucht; hingegen machen die lückenlosen „Übersetzungen" lydischer Inschriften, die Sayce im AJPh 46 (1925), S. 29—51 gibt, nur der Phantasie des Verfassers Ehre. Unsere Kenntnis vom Formenbau und Wort-

[1]) Eine Aufzählung der betreffenden Artikel kann hier unterbleiben, da sie in Bucklers Edition S. 1 und in Kahle-Sommers gleich zu nennender Behandlung der Bilinguis S. 18[1] bequem zu finden ist.

schatz des Lydischen beruht also in der Hauptsache auch jetzt noch auf der Bilinguis. Was dabei an einigermaßen Sicherem erarbeitet ist, hat kritisch und übersichtlich G. Deeters in dem Artikel Lydia, Sprache und Schrift in Paulys Realenzyklopädie 26. Halbband (1927), Sp. 2153—2161 zusammengestellt.

Daß das Wissen noch durchaus in den Anfängen steht, zeigt abgesehen von der geringen Kenntnis in Formen und Wortschatz schon die Unsicherheit, die noch immer in der Transkription des lydischen Alphabets herrscht. Die Transkription Bucklers weicht von der Littmanns beträchtlich ab, und zwar nicht nur hinsichtlich seltenerer Schriftzeichen, sondern auch bei den zwei häufigen Buchstaben + und ᛘ. Der erste wird von Littmann *h*, von Buckler mit vielleicht größerem Rechte *p* umschrieben[1]); für den zweiten hatte Littmann *ũ* angesetzt, doch dürfte er mit ziemlicher Sicherheit einen *l*-Laut bezeichnen[2]), so daß Buckler u. a. *λ* transkribieren.

Bei solcher Unsicherheit selbst in den elementarsten Dingen kann die Frage nach den Verwandtschaftsverhältnissen des Lydischen noch keineswegs sicher beantwortet werden. Am nächsten liegt von vornherein die Annahme näherer Beziehungen zu anderen Sprachen des alten Kleinasien; in der Tat weisen schon antike Nachrichten auf Verwandtschaft mit dem benachbarten Karischen, die sich aber aus Mangel an Material nicht erweisen läßt. Ebensowenig hat sich die von Thumb, Am. J. Arch. 15 (1911), S. 149ff. auf Grund unzureichenden Materials geäußerte Vermutung bestätigt, daß das Lydische mit dem Lykischen verwandt sei. Eine Reihe von Anklängen ans Hethitische, auf die Hrozný, Spr. d. Heth. S. 191ff. aufmerksam gemacht hat, genügen ebenfalls nicht, um Verwandtschaft zwischen beiden Sprachen zu erweisen.

---

1) Littmann hatte die Form des Zeichens aus griech. X hergeleitet; die Lesung *p* kann sich auf +*aλmλuλ* „des Königs (?)" in Verbindung mit der Glosse πάλμυς = βασιλεύς sowie auf +*λdãnś*, nach Danielsson, Zu den lydischen Inschriften (Skrifter utgifna af K. Humanistiska Vetenskaps-Samfundet i Uppsala 20, 2) 1917, S. 25 = Ἀπόλλων, stützen. Kahle und Sommer verzichten vorsichtigerweise auf eine Transkription dieses Zeichens.

2) Die letztere Lesung gründet sich auf die Gleichung *a*ᛘ*iksãntru(ś)* = Ἀλέξανδρος und ist unabhängig voneinander von Arkwright (bei Cook, JHSt 37 [1917], S. 82 und 221[2]) und Danielsson a. a. O. S. 14f. geäußert worden.

Mit dem Hethitischen sind wir bereits der Frage näher getreten, ob das Lydische Berührungen mit dem Idg. haben könne, sei es infolge eines protidg. Einschlags, wie Kretschmer, Glotta 14 (1925), S. 300—319 annimmt, sei es, weil es selbst eine, wenn auch durch Mischung stark entstellte, idg. Sprache sei. In der Tat muten mancherlei Erscheinungen des Lydischen auf den ersten Blick durchaus idg. an, wie die Unterscheidung von zwei genusähnlichen Kategorien beim Nomen und Pronomen, Pronominalformen wie das Relativum *pis*, *pid*[1]), die Negation *ni-* „nicht", die Partikel *-k* „und", *nik* — *nik* vielleicht „weder — noch" u. a.; diese Anklänge sind auch Thurneysen, KZ 50 (1922), S. 35ff. aufgefallen, vgl. ferner besonders Ipsen, Streitberg-Festschrift S. 220f. und Herbig, Idg. Jahrb. 8, S. 13ff. Aber mit Recht betont Deeters Sp. 2161 seines schon genannten Artikels, daß die Widersprüche gegen idg. Auffassung der Sprache doch weit stärker sind. Der Obliquus auf *-λ* und anderes sehen keineswegs idg. aus. Vor allem machen die Verbalformen, soweit sie schon sicher erkannt sind, einen fremdartigen Eindruck; auf keinen Fall darf, wie das früher auch der Schreiber dieser Zeilen getan hat, die Endung *-id* der 3. Pers. Sing., *-ẽnt* der 3. Pers. Plur. zugesprochen werden. So wird man also auch der Indogermanenhypothese vorläufig besser skeptisch gegenüberstehen.

Mehr Anklang hat die Auffassung gefunden, daß das Lydische zum Etruskischen in verwandtschaftlichen Beziehungen stehe. Diese Ansicht hat ihren Ursprung in der Überlieferung Herodots (I 94) von der Herkunft der Etrusker aus Lydien, ihre Stütze in ein paar sprachlichen Berührungen wie dem beiden Sprachen gemeinsamen *l*-Kasus und der Konjunktion *-c(-k)* „und", sie ist besonders von Herbig vertreten worden[2]), der weitere Übereinstimmungen in Lautsystem, Flexion, Wortbildung und Lexikon festzustellen glaubte. Nach vorläufigen Mitteilungen auf dem Münchener Orientalistentage 1924 wollte er seine Auffassung ausführlicher begründen in einem Werke „Lydiaca";

[1]) So nach Bucklers Lesung, bei Littmann *his*, *hid*. In *pis*, *pid* könnte man den aus dem Oskisch-Umbrischen bekannten Lautwandel $q^{u}_{\smallfrown} > p$ suchen, doch stimmt dann die Konjunktion *-k* „und" nicht zu lat. *que*.

[2]) Vgl. auch Littmann S. 80f., Mentz, OLZ 1922, Sp. 489ff., Sturtevant, Language 1 (1925), S. 73ff.

der Tod hat ihn an dessen Abschluß gehindert, eine Veröffentlichung aus seinem Nachlaß war geplant, doch ist das Manuskript anscheinend verloren gegangen. Dieser Verlust ist um so mehr zu beklagen, da die bisherigen Mitteilungen für einen umfassenden Nachweis keineswegs ausreichen. Auch Sommer ist, wie eine gelegentliche Bemerkung KlF 1 (1927), S. 28 zeigt, gegen Annahme etruskisch-lydischer Verwandtschaft noch skeptisch.

Die Erforschung der altkleinasiatischen Sprachen ist hier nach Einzelgebieten gesondert dargestellt worden. Das entspricht der tatsächlichen Arbeitsweise der Forscher; das Charakteristische ist nicht der Blick für das große Ganze, sondern Kleinarbeit an den Einzelsprachen, wobei noch das Interesse für die einzelnen Gebiete sehr verschiedenartig ist und augenblicklich neben dem alles beherrschenden Hethitischen andere Sprachen nur wenig berücksichtigt werden, wenn auch Ansätze zu methodischer und fruchtbringender Arbeit auf allen Gebieten, selbst in dem lange vernachlässigten Lykischen und Chaldischen, unverkennbar sind. Das ist begreiflich, da das große hethitische Gebiet an sich schon soviel sprachliche und eng damit verbunden auch sachliche Probleme bietet, daß sie allein die Arbeitskraft der wenigen Forscher voll ausfüllen. Schließlich ist ja auch Einzelarbeit dem Ganzen förderlicher als ungenügend fundierte Hypothesen. Aber die Synthese darf nicht vergessen werden; es gilt sowohl die Frage der Beziehungen der kleinasiatischen Sprachen zueinander wie zu anderen Sprach- und Kulturgebieten neu zu untersuchen. Die Wirkungen Altkleinasiens auf die Ägäis und, durch Vermittlung der Etrusker, auf das vorgeschichtliche Italien werden sich auf Grund des reicher fließenden Materials vielleicht klarer erkennen lassen als ehedem. Zur Synthese scheint unter den jetzt lebenden Forschern keiner besser berufen als der Altmeister P. Kretschmer; in einzelnen seiner letzten Artikel hat er bereits wertvolle Beiträge zu den angedeuteten Fragen geliefert, hoffen wir, daß er auch in einer Neuauflage seiner „Einleitung" eine Zusammenfassung der sprachlichen Probleme des alten Kleinasien gibt.

Autorenregister.

Abkürzungen

(soweit nicht ohne weiteres verständlich).

AJPh = American Journal of Philology.
AJSL = American Journal of Semitic Languages.
Am.J.Arch. = American Journal of Archaeology.
BphW = Berliner Philologische Wochenschrift.
Einl. = P. Kretschmer, Einleitung in die Gesch. der griech. Sprache, Göttingen 1896.
Ḫatt(ušiliš) = Götze, Ḫattušiliš, Leipzig 1925 (MVAeG 1924, 3).
JHSt = Journal of Hellenic Studies.
JRAS = Journal of the Royal Asiatic Society.
JSOR = Journal of the Society of Oriental Research.
KlF = Kleinasiatische Forschungen.
Madd. = Götze, Madduwattaš, Leipzig 1928 (MVAeG 1927, 1).
MDOG = Mitteilungen der Deutschen Orient-Gesellschaft.
MVAG (MVAeG) = Mitteilungen der Vorderasiatischen (Vorderasiatisch-Ägyptischen) Gesellschaft.
OLZ = Orientalistische Literaturzeitung.
Pāp(anikri) = Sommer und Ehelolf, Das hethitische Ritual des Papanikri von Komana, Leipzig 1924 (Boghazköi-Studien Heft 10).
SPAW = Sitzungsberichte der Preußischen Akademie der Wissenschaften.
Spr.d.H(eth). = Hrozný, Die Sprache der Hethiter, Leipzig 1917 (Boghazköi-Studien Heft 1/2).
WZKM = Wiener Zeitschrift für die Kunde des Morgenlandes.
ZA = Zeitschrift für Assyriologie.
ZDMG = Zeitschrift der Deutschen Morgenländischen Gesellschaft.
ZII = Zeitschrift für Indologie und Iranistik.

Kolibri 360 GmbH
Ferdinand-Jühlke-Straße 7
99095 Erfurt, Deutschland
produktsicherheit@kolibri360.de